Einblicke
MATHEMATIK

5. Schuljahr

Mathematisches Unterrichtswerk

von
Joachim Becherer

erarbeitet von
Joachim Becherer
Manfred Brech
Ralf Moll
Achim Roßwag

bearbeitet von
Hans J. Huschens, Salm
Lothar Jäcker, Ingelbach
Christel Schienagel-Delb, Kerzenheim
Heinz Winter, Mainz

beratend wirkte mit
Prof. Hans-Dieter Gerster, Freiburg

Ernst Klett Schulbuchverlag Leipzig
Leipzig Stuttgart Düsseldorf

weitere Berater:
Günther Fechner, Heinz-Günther Schulz

Bildquellenverzeichnis:

Air France, Frankfurt 83 – Archiv für Kunst und Geschichte, Berlin 15; 62; 80.2; 111.3; 118.1-3 – Toni Angermayer Holzkirchen 37.2; 40; 84.1; 84.2; 85.2; 95.3 – Baumann, Ludwigsburg 10; 73 – Bavaria, Gauting 13 (PLI); 26.1 (PLI) – Berg-Wild-Park Steinwasen 34 – Bildarchiv Preußischer Kulturbesitz, Berlin 110.1; 111.1+2; 113.1+2 – Bongarts, Hamburg 112 – Deutsche Bahn AG, Berlin 107.1 – Deutsche Bundesbank, Frankfurt 110.4 – dpa, Frankfurt 8; 23 (Krause); 47 (Poguntke); 104 – Voller Ernst Drydale, Berlin 85.1 – Europa Park Rust 114 - Fremdenverkehrs- und Heilbäder Rheinland-Pfalz e. V., Koblenz 30 (Merten) – Dieter Gebhardt, Graphic- und Fotodesign, Asperg 5; 80.3; 134; 135 – E. Gröner, Balingen 109 – Hirmer Verlag, München 78.1 und 2 – D. Hughes, Sabie Park, Südafrika 76 – IFA-Bilderteam, München 50 (Horizon); 56.2 (Glatter); 74 (Bormann, Koch); 91.1 (Weststock); 91.2 (Everts); 92 (Koch); 95.2 (BCI); 103 (Horizon); 122 (Tschanz) – Jürgens, Ost und Europa Photo, Berlin 63 – Klett-Perthes, Gotha 94.1; 94.2 – Kreisbildstelle Ludwigsburg 66.1 – Landesmedienzentrum Rheinland-Pfalz, Koblenz 18 – Helmut Länge, Stuttgart 95.1 – Joachim Lange, Winnenden 37.1; 72 – Mauritius, Stuttgart 33 (Vidler); 56.1 (Waldkirch); 68; 89.1 (Messerschmidt); 101 (ACE) – Mittelbadische Presse, Offenburg 102 – NASA, Washington 26.2 – Pilatus-Bahnen, Luzern 125 – © VG Bild-Kunst, Bonn 1997 129 – Schnepf, A. Brugger, Stuttgart 70; 121 – Superbild München 54 (Gräfenhain); 117; 41 – Franz Thorbecke, Lindau 96 – Esther Thylmann, Stuttgart 66.2 und 3; 97.1-4; 98.1; 107.3 + 4; 110.3; 111.4 – VDO Adolf Schindling AG, Schwalbach 6.1+2 – The Walt Disney Company GmbH, Eschborn 80.1 – Werkstattfotografie Neumann + Zörlein, Stuttgart 75

Gedruckt auf Papier aus chlorfrei gebleichtem Zellstoff, säurefrei.

1. Auflage   1⁵ ⁴ ³ ² ¹ | 2001 00 99 98 97

Alle Drucke dieser Auflage können im Unterricht nebeneinander benutzt werden, sie sind untereinander unverändert. Die letzte Zahl bezeichnet das Jahr dieses Druckes.

Dieses Werk folgt der reformierten Rechtschreibung und Zeichensetzung.

© Ernst Klett Schulbuchverlag Leipzig GmbH, Leipzig 1997. Alle Rechte vorbehalten.

ISBN 3-12-743180-5

Zeichnungen: Dieter Gebhardt, Asperg; Rudolf Hungreder, Leinfelden

Umschlaggestaltung:
Dieter Gebhardt, Asperg

Reproduktion: a bis z Publishing, Leipzig; Gölz, Ludwigsburg; Rolf Maurer, Tübingen

Fotosatz und Satzgrafiken:
F & A Sepat, Becheln

Druck: Appl, Wemding

Inhaltsverzeichnis

Hinweise 4

1 Natürliche Zahlen 5
1. Ziffern und Zahlen 6
2. Zahlanordnung und Zahlenstrahl 10
3. Milliarden und Billionen 13
4. Runden von Zahlen 16
5. Ordnen und Darstellen von Zahlen 19
6. Römische Zahlen 22
7. Vermischte Aufgaben 24
   Blick ins Weltall 26
   Test 28

2 Rechnen 29
1. Kopfrechnen: Addition und Subtraktion 30
2. Kopfrechnen: Multiplikation und Division 34
3. Kopfrechnen: Vorteilhaftes Rechnen mit Stufenzahlen 38
4. Kopfrechnen: Überschlagsrechnung 41
5. Schriftliche Addition 44
6. Schriftliche Subtraktion 47
7. Schriftliche Multiplikation 50
8. Schriftliche Division 54
9. Verbindung der vier Grundrechenarten 57
10. Vermischte Aufgaben 60
    Zaubereien 62
    Test 64

3 Geometrie I 65
1. Gerade, Halbgerade und Strecke 66
2. Senkrechte und parallele Linien 68
3. Quadratgitter 70
4. Achsenspiegelung und Symmetrie 73
5. Verschiebung 76
6. Vermischte Aufgaben 79
   Daumenkino 80
   Test 82

4 Sachrechnen 83
1. Schätzen und Messen 84
2. Längen 86
3. Rechnen mit Längen 89
4. Maßstab 93
5. Gewichte 96
6. Rechnen mit Gewichten: Addition und Subtraktion 99
7. Rechnen mit Gewichten: Multiplikation und Division 102
8. Zeitpunkte und Zeitspannen 105
9. Rechnen mit Zeitspannen 107
10. Geld 110
11. Rechnen mit Geld: Addition und Subtraktion 112
12. Rechnen mit Geld: Multiplikation und Division 114
13. Vermischte Aufgaben 116
    Kalender 118
    Test 120

5 Geometrie II 121
1. Rechteck und Quadrat 122
2. Parallelogramm und Raute 125
3. Umfang von Rechteck und Quadrat 127
4. Quader und Würfel 129
5. Quadernetz und Würfelnetz 131
6. Vermischte Aufgaben 133
   Schneiden, Falten, Kleben 134
   Test 136

Lösungen zu den Tests 137
Zum Nachschlagen 142
Stichwortverzeichnis 144

Hinweise

Hinweise zur Differenzierung

6 Aufgabe mit normalem Schwierigkeitsgrad

7 Aufgabe mit erhöhtem Schwierigkeitsgrad

8 Aufgabe mit hohem Schwierigkeitsgrad

▷ Die mit einer Pfeilspitze gekennzeichneten Info-Ecken enthalten Begriffe, die für den Unterricht an Regionalschulen verbindlich sind.

Hinweise zu den info-Feldern

Die info-Felder in EINBLICKE MATHEMATIK stehen immer in unmittelbarem Zusammenhang mit den Inhalten der jeweiligen Lerneinheit. Sie vertiefen und ergänzen die angesprochenen mathematischen Inhalte oder bieten Tipps zur Vermeidung von Fehlern.

Hinweise zum Test

Liebe Schülerinnen, liebe Schüler,

dieses Mathematikbuch besteht aus 5 Kapiteln; jedes Kapitel hat mehrere Lerneinheiten. Am Ende eines Kapitels habt ihr die Möglichkeit selbständig einen Test durchzuführen. Damit könnt ihr euren Wissensstand überprüfen um dann vorhandene Wissenslücken aufzuarbeiten.
Jede Testseite ist in die drei Schwierigkeitsstufen „leicht", „mittel" und „schwierig" eingeteilt. Zu jeder Schwierigkeitsstufe werden 5 Aufgaben angeboten. Für jede vollständig und richtig gelöste Aufgabe gibt es 2 Punkte (leicht), 3 Punkte (mittel) oder 4 Punkte (schwierig). Sind nur Teile einer Aufgabe richtig gelöst, gibt es entsprechend weniger Punkte. Wenn ihr bei der Bewertung von gelösten Aufgaben noch Fragen habt, so hilft euch euer Mathematiklehrer oder eure Mathematiklehrerin bestimmt gerne weiter.
Wichtig: Innerhalb des Tests dürft ihr jede Aufgabennummer nur einmal bearbeiten. Wer also z. B. Aufgabe 1 „leicht" gelöst hat, darf nicht mehr Aufgabe 1 „mittel" oder Aufgabe 1 „schwierig" lösen.
Allerdings könnt ihr bei jeder neuen Aufgabennummer den Schwierigkeitsgrad neu wählen. So ist es z. B. möglich Aufgabe 1 „mittel", Aufgabe 2 „leicht", Aufgabe 3 „schwierig",... zu bearbeiten.
Im Anhang von „EINBLICKE MATHEMATIK" sind die Lösungen der Testaufgaben aufgeführt. Somit könnt ihr eure Ergebnisse leicht überprüfen. Anschließend stellt ihr die erreichte Gesamtpunktzahl fest. Mit Hilfe der Farbskala, die unter den Lösungen zu finden ist, könnt ihr euren jeweiligen Leistungsstand einschätzen.

1 Natürliche Zahlen

1 Ziffern und Zahlen

Zahlen sind aus unserer heutigen Welt nicht mehr wegzudenken. Wir brauchen sie zum Zählen und Messen. Auf den abgebildeten Anzeigeinstrumenten werden zum Beispiel mit Zahlen die gefahrenen Kilometer, die Geschwindigkeit oder der Verbrauch angezeigt.

Mit den zehn Ziffern 1; 2; 3; 4; 5, 6, 7, 8, 9 und 0 lassen sich alle Zahlen unseres Zahlensystems (Zehnersystem) darstellen.

Stellenwerttafel

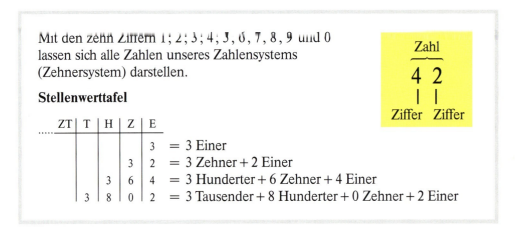

Das Zehnersystem ist ein Stellenwertsystem. Das bedeutet, dass jeweils 10 Einheiten zu einer neuen Einheit gebündelt werden, also 10 Einer = 1 Zehner, 10 Zehner = 1 Hunderter, ...

Welchen Wert eine Ziffer innerhalb einer Zahl hat, hängt von der Stelle ab, an der die Ziffer steht. Je weiter links eine Ziffer steht, desto höher ist ihr Wert.

Die in der Stellenwerttafel auftretenden Spaltenwerte **10, 100, 1000**, ... nennt man auch die **Stufenzahlen** des Zehnersystems.

Beispiele:

Meist werden Zahlen ohne Stellenwerttafel geschrieben. Dennoch erkennt man den Wert der einzelnen Ziffern leicht.

       1 = 1 Einer
     12 = 1 Zehner + 2 Einer
   123 = 1 Hunderter + 2 Zehner + 3 Einer
 1 234 = 1 Tausender + 2 Hunderter + 3 Zehner + 4 Einer
12 345 = 1 Zehntausender + 2 Tausender + 3 Hunderter + 4 Zehner + 5 Einer
123 456 = 1 Hunderttausender + 2 Zehntausender + 3 Tausender + 4 Hunderter
         + 5 Zehner + 6 Einer

Natürliche Zahlen

Die Jahreszahl 1472 ist auf dem Betstuhl Eberhards von Württemberg in der Stiftskirche von Bad Urach zu sehen.

1 a) Zeichne eine Stellenwerttafel in dein Heft. Trage die Abkürzungen ein: E (Einer), Z (Zehner), H (Hunderter), T (Tausender), ZT (Zehntausender), HT (Hunderttausender).
b) Schreibe die folgenden Zahlen in diese Stellenwerttafel: 5; 50; 55; 500; 555; 5000; 5555; 50 000; 55 555; 500 000.

2 Trage folgende Zahlen in eine Stellenwerttafel ein. Lies die Zahlen und sprich dabei laut.
a) 12; 142; 356; 498; 888; 897; 943
b) 1017; 1456; 1633; 2001; 4478; 8531
c) 10 291; 11 560; 43 917; 89 899
d) 123 609; 491 067; 801 094; 999 001

3 Zerlege die Zahlen wie im Beispiel.
14 678 = 1 ZT + 4 T + 6 H + 7 Z + 8 E
a) 17; 89; 141; 359; 999; 1201; 8411
b) 10 012; 18 100; 58 058; 65 480
c) 223 456; 419 847; 685 902; 909 817

4 Aus welchen **verschiedenen** Ziffern bestehen folgende Zahlen?

Beispiel:

Zahl	Ziffern
100	1; 0

a) 110; 264; 404; 605; 911; 969; 999
b) 1313; 2002; 4444; 6000; 7183; 9527
c) 12 212; 77 777; 300 003; 585 508

Eine dreistellige Zahl beginnt an der Hunderterstelle.

5 Schreibe mit den Ziffern 1; 2; 3 die größtmögliche (kleinstmögliche) dreistellige Zahl.

6 Welches ist die größtmögliche (kleinstmögliche) Zahl, die man mit den Ziffern 2; 3; 4; 5; 8; 9 schreiben kann? Jede Ziffer darf dabei nur einmal vorkommen.

7 a) Wie heißt die größte Zahl, die aus vier gleichen Ziffern besteht?
b) Bilde die kleinste Zahl, die aus sechs gleichen Ziffern besteht.

8 Bilde mit den Ziffern 2; 4 und 6 alle möglichen dreistelligen Zahlen. Jede der Ziffern darf nur einmal vorkommen.

Die Entwicklung unserer Ziffern

In einer Sprache verwendet man zum Schreiben von Wörtern einzelne Buchstaben. Zum Schreiben von Zahlen verwenden wir Ziffern (Zahlzeichen). Unsere heutigen Ziffern verdanken wir den Indern. Die indischen Rechenkenntnisse wurden 800 n. Chr. von arabischen Mathematikern und Kaufleuten übernommen.
Um das Jahr 1000 herrschten die Araber im Gebiet des heutigen Spaniens. Mit den Arabern kamen auch deren Ziffern zu uns nach Europa. Noch heute werden daher unsere Ziffern „arabische Ziffern" genannt.

indisch, um 600 n. Chr.

indisch, um 800 n. Chr. Erstmals erscheint die Ziffer „0".

arabisch, 1000 n. Chr.

deutsch, um 1500 n. Chr.

heutige Schreibweise

Erst um das Jahr 1500 verbreiteten sich die „arabischen Ziffern" in Deutschland.
Dazu verhalf auch der Rechenmeister Adam Ries. Er lebte von 1492 bis 1559 und schrieb mehrere Rechenbücher.

Natürliche Zahlen

< bedeutet: Ist kleiner als. > bedeutet: Ist größer als.

9 Durch Vertauschen der Ziffern einer Zahl ändert sich auch meist der Wert der Zahl. Vertausche bei den folgenden Zahlen die Ziffern und schreibe mit Hilfe der Zeichen <, =, >.
16 < 61; 55 = 55; 32 > 23
a) 19; 21; 22; 33; 45; 51; 57; 63; 69
b) 77; 80; 83; 85; 89; 91; 97; 98; 99

10 Gib die um 1 größere und die um 1 kleinere Zahl an. Verwende die Schreibweise:
99 < **100** < 101

a) 10   b) 199   c) 10 000
   40   300   99 999
   49   499   130 000
   99   999   499 999

11 Wie heißt jeweils die um 10 (100; 1000) größere Zahl?

a) 23   b) 114   c) 5679
   56   405   99 990
   78   872   499 976
   87   990   769 025

Quersumme einer Zahl: Die Summe aller Ziffern der Zahl.

12 Die Quersumme einer Zahl erhält man, wenn man die einzelnen Ziffern dieser Zahl addiert (zusammenzählt).
Zahl: 1035
Quersumme: 1 + 0 + 3 + 5 = 9
Bilde die Quersumme folgender Zahlen:
a) 23; 107; 241; 502; 701; 810; 900
b) 1001; 3214; 4203; 5112; 11 223
c) 63 467; 80 719; 127 935; 616 616

13

Am 3. Oktober 1990 war der Tag der deutschen Wiedervereinigung.

3.10.1990

a) Lies das Datum laut. Was fällt dir bei der Sprechweise der Jahreszahl auf?
b) Bei welchen Angaben verwendet man diese Sprechweise auch noch?

14 In einer Schule haben die Klassenzimmer folgende Nummern:

101	102	103	104	105	106	107	108
201	202	203	204	205	206	207	208
301	302	303	304	305	306	307	308

a) Wie viele Klassenzimmer hat die Schule?
b) Das Klassenzimmer mit der Zimmernummer 106 liegt im 1. Stock. Das Klassenzimmer 201 liegt ein Stockwerk höher. Das Zimmer 307 ist im obersten Stockwerk zu finden. Nach welcher Regel wurden die einzelnen Klassenzimmer nummeriert?
c) Kennst du noch andere Gebäude, in denen die Zimmernummerierung so vorgenommen wird?

15 Notiere deine Telefonnummer (die Telefonnummer der Feuerwehr, der Polizei, des Krankenhauses, deiner Schule, deiner Freunde, …).
a) Aus welchen Ziffern bestehen die einzelnen Telefonnummern?
b) Warum liest und spricht man Telefonnummern meist als einzelne Ziffern oder Ziffergruppen (z. B. 8/1/2/8 oder 81/28) und nicht als Zahl (8128)?

16 a) Stephanie hat ein Jugendgirokonto eröffnet. Die Bank hat ihr die Kontonummer 337501 zugeteilt. In welchen Sprechweisen kann sie sich die Nummer sinnvoll merken?
b) Frank kann sich seine Kontonummer 365366 schlecht merken. Kannst du ihm eine Merkhilfe (Sprechhilfe) geben?

17 a) Kannst du den Text „entziffern"?

UMMITTERN**S**M**S**EN**S**MÄUSEKR**S**
OBTENUNDL**S**ENDASSDIEBALKENKR
SENDAW**S**EEINEN**S**IGALLAUFUNDD
SE**S**OBTDIE**S**EBANDEDENNJEDEN**S**

b) Versuche selbst einen solchen Text zu schreiben.

Natürliche Zahlen

18 Auf den unten stehenden Formularen sind die Geldbeträge nicht nur in Ziffernschreibweise, sondern auch „in Worten" angegeben.

a) Warum werden hier die Zahlenangaben mit Zahlen **und** Zahlwörtern geschrieben?
b) Schreibe folgende Zahlwörter mit Hilfe von Ziffern:
dreiundfünfzig; einhundertachtzehn; zweihundertfünfundneunzig.

19 Schreibe mit Ziffern.
a) zweitausendeinhundertfünfzehn
b) dreiunddreißigtausendzweihundert
c) fünfzigtausendeins
d) sechsundsechzigtausendzehn

20 Schreibe als Zahlwörter.
a) 1; 5; 9; 13; 21; 49; 63; 74; 95
b) 101; 287; 489; 613; 851; 908; 999
c) 2017; 8111; 9818; 37 509; 81 717
d) 123 612; 489 689; 777 777; 800 088

21 Schreibe die Längen folgender Flüsse in Zahlwörtern.

a) Neckar 367 km   b) Weichsel 1068 km
   Weser 440 km   Elbe   1165 km
   Main   524 km   Rhein   1320 km
   Mosel 545 km   Donau   2850 km
   Oder   860 km   Wolga   3530 km

22 Welche der beiden Zahlen ist jeweils kleiner? Verwende bei deinen Antworten das Zeichen <.
a) dreitausendeins oder eintausenddrei?
b) elftausendsiebenhundertzwölf oder zwölftausendsiebenhundertelf?
c) dreizehntausendfünfhundertelf oder fünfzehntausenddreihundertelf?
d) einunddreißigtausendachtzehn oder achtzehntausendeinunddreißig?
e) sechsundachtzigtausendachthundertzweiundsechzig oder achtundsechzigtausendzweihundertzwanzig?

##

Spiele mit einem oder mehreren Mitspielern das Spiel „Hohe Hausnummern".

Spielregeln zum Spiel „Hohe Hausnummern":

1. Jeder Mitspieler zeichnet sich eine dreistellige (vierstellige, fünfstellige, ...) Stellenwerttafel auf.
2. Ein Spieler beginnt mit dem Würfeln (1 Würfel). Die gewürfelte Zahl wird an einer frei zu wählenden Stelle in der Stellenwerttafel notiert.
3. Die Mitspieler würfeln nun abwechselnd und tragen entsprechend in ihre Stellenwerttafel ein.
4. Gewonnen hat der Mitspieler, dessen Zahl (Hausnummer) am **größten** ist.

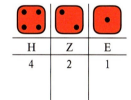

Selbstverständlich könnt ihr auch das Spiel „Niedrige Hausnummern" spielen. Sieger ist hier der Mitspieler, der die **niedrigste** Zahl erreicht hat.

Beide Spiele könnt ihr noch dadurch erweitern, dass ihr die Stellenwerttafel auf 6 Stellen ergänzt.

Natürliche Zahlen

2 Zahlanordnung und Zahlenstrahl

Marathonläufe als Stadtläufe erfreuen sich großer Beliebtheit. In Deutschland ist der Berlin-Marathon der bekannteste. Mehrere tausend Läuferinnen und Läufer nehmen jährlich daran teil. Vor dem Start erhält jeder Teilnehmer eine Startnummer. Diese Nummern sind wichtig für die Zeitmessung und anschließende Festlegung der Sieger. Als Startnummern der Teilnehmer verwendet man die **natürlichen Zahlen** 1, 2, 3, 4, ...

Die natürlichen Zahlen kann man am Zahlenstrahl sehr gut veranschaulichen. Man verwendet dazu eine gerade Linie mit dem Anfangspunkt 0.
In gleichen Abständen (Einheiten) werden weitere Punkte markiert und nummeriert. Die nach rechts gerichtete Pfeilspitze deutet an, dass noch weitere Zahlen folgen.

▶ $I\!N = \{1, 2, 3, \ldots\}$ bezeichnet die Menge der natürlichen Zahlen.
$I\!N_0 = \{0, 1, 2, 3, \ldots\}$ bezeichnet die Menge der natürlichen Zahlen einschließlich der Zahl 0.

Zahlenstrahl

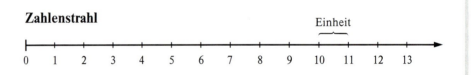

Den Abstand, den zwei aufeinander folgende Zahlen auf dem Zahlenstrahl haben, nennt man eine **Einheit**.
Am Zahlenstrahl lassen sich Zahlen leicht der Größe nach vergleichen, denn die größere Zahl steht immer weiter rechts.

Vergleicht man Zahlen, so kann man die Zeichen < (**kleiner als**) und > (**größer als**) verwenden. Die Spitze dieser Zeichen zeigt immer auf die kleinere Zahl.

Beispiel 1:

Beim Vergleichen der Zahlen 3 und 5 sieht man, dass die Zahl 5 rechts von der Zahl 3 steht.

Man spricht:	5 ist größer als 3	Man schreibt:	5 > 3
	oder		oder
	3 ist kleiner als 5.		3 < 5

Beispiel 2:

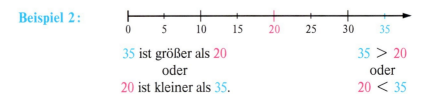

	35 ist größer als 20		35 > 20
	oder		oder
	20 ist kleiner als 35.		20 < 35

Natürliche Zahlen

1 Übertrage in dein Heft und ergänze die fehlenden Zahlen.

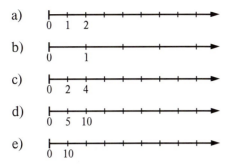

2 Woran erkennst du, dass es sich bei den folgenden Beispielen nicht um Zahlenstrahlen handeln kann?

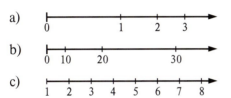

3 Vergleiche folgende Zahlen und schreibe mit Hilfe der Kleiner- und Größerzeichen.
a) 24 und 27; 23 und 29; 51 und 57
b) 43 und 32; 67 und 56; 86 und 78
c) 66 und 55; 112 und 120; 317 und 318
d) 1110 und 1111; 1002 und 998
e) 1278 und 1287; 1598 und 1589

4 Schreibe in Kurzform mit $<$, $>$.
a) 127 ist kleiner als 130.
b) 572 ist größer als 427.
c) 3 kommt vor 7.
d) 111 kommt nach 99.

5 Übertrage ins Heft und setze die Zeichen $<$ oder $>$.
a) 132 ☐ 123; 247 ☐ 274
b) 4889 ☐ 4988; 5665 ☐ 6556
c) 5472 ☐ 5427; 6708 ☐ 6807
d) 8088 ☐ 8808; 9709 ☐ 9907
e) 13 317 ☐ 13 371; 18 020 ☐ 18 002
f) 20 304 ☐ 23 004; 30 171 ☐ 30 711
g) 43 697 ☐ 43 679; 45 923 ☐ 54 923
h) 321 123 ☐ 321 231; 457 943 ☐ 459 734
i) 654 679 ☐ 656 597; 702 601 ☐ 706 201
j) 800 808 ☐ 808 008; 998 978 ☐ 998 798

6 Übertrage die markierten Punkte in dein Heft.

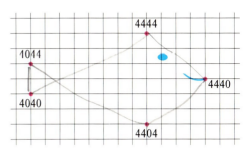

Suche nun die kleinste Zahl und verbinde dann die Zahlen ihrer Größe nach mit einer geraden Linie. Verbinde zum Schluss die größte mit der kleinsten Zahl.

7 Bei dem folgenden Zahlenstrahl wurden nur die Hunderterzahlen eingetragen.

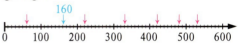

a) Weshalb wurden nicht alle natürlichen Zahlen eingetragen?
b) Der blaue Pfeil zeigt auf 160. Notiere die Zahlen, auf die die anderen Pfeile zeigen.

8 a) Zeichne einen Zahlenstrahl bis 1800. Nimm 1 cm für jeweils 100. Markiere und trage die Hunderterzahlen ein.
b) Markiere nun mit Pfeilen die Zahlen 100; 200; 400; 500; 800; 900; 1400; 1800; 150; 450; 950; 1450; 1750.

9 Auf welche Zahlen zeigen die Pfeile a bis g?

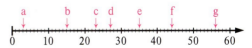

10 Zeichne einen Zahlenstrahl (Einheit 1 cm) bis 20 ins Heft. Notiere die Zahlen, die
a) 2 Einheiten von 7 entfernt;
b) 4 Einheiten von 10 entfernt;
c) 6 Einheiten von 12 entfernt;
d) 10 Einheiten von 10 entfernt;
e) 13 Einheiten von 2 entfernt
sind.

Natürliche Zahlen

11 Zeichne jeweils einen Zahlenstrahl bis 20 und markiere die Zahlen farbig, die
a) größer als 15 sind;
b) kleiner als 7 sind;
c) zwischen 7 und 17 liegen;
d) kleiner als 12, aber größer als 9 sind.

12 Übertrage die Tabelle ins Heft und ergänze sie.

Vorgänger Nachfolger
| 8 | 9 | 10 |
    Zahl

Vorgänger	Zahl	Nachfolger
12	13	14
	27	
	80	
	99	
	200	
313		
1409		
		623
		700
		2001

13 Gib zu jeder Zahl den Vorgänger und den Nachfolger an.
a) 18; 27; 45; 59; 87; 90; 101
b) 1000; 1500; 2700; 3999; 4909
c) 101 101; 213 009; 417 999; 800 000

14 Ordne folgende Zahlen der Größe nach. Beginne mit der kleinsten Zahl.

15 Ordne die Zahlen der Größe nach. Verwende dabei die Schreibweise
$3 < 7 < 15 < 16 < 29 \ldots$
a) 26; 18; 39; 3; 54; 33; 43; 61; 57
b) 30; 330; 303; 3003; 333; 33; 3303
c) 32; 23; 302; 230; 3002; 323; 203
d) 5460; 5046; 5406; 4560; 6540; 5604
e) 120 345; 123 540; 102 345; 123 045
f) 675 432; 567 432; 654 327; 567 423
g) 900 909; 909 999; 900 099; 999 000

16 Die folgende Liste zeigt einige Flüsse in Rheinland-Pfalz.

Ahr	89 km	Nahe	116 km
Glan	68 km	Queich	49 km
Lahn	245 km	Rhein	1321 km
Lauter	82 km	Sieg	132 km
Mosel	545 km	Wied	139 km

a) Wie sind die Flüsse in der obigen Liste geordnet?
b) Ordne die Flüsse ihrer Länge nach.

17 Die Tabelle zeigt einen Ausschnitt aus der Ergebnisliste eines Geländelaufs. Die Läufer sind hier nach Startnummern geordnet.

Start-nummer	Name	Zeit
65	Schulz, Heinz	33:50
121	Spathelf, Hans	24:13
177	Griesbaum, Heinz	31:34
213	Willmann, Hans	24:15
278	Bär, Karl	28:05
301	Theiner, Peter	26:03

a) Welcher Teilnehmer hat die beste Zeit, welcher die schlechteste?
b) Erstelle eine neue Tabelle. Ordne dabei so, dass der Sieger an oberster Stelle steht.

18 Häuser an Durchgangsstraßen werden meist so durchnummeriert, dass auf der linken Straßenseite die Häuser mit ungeraden Hausnummern stehen. Die Häuser auf der rechten Straßenseite haben als Hausnummern gerade Zahlen.

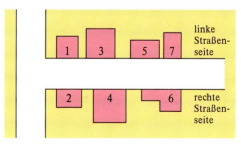

a) Welche Hausnummern haben die ersten 10 Häuser der linken (rechten) Straßenseite?
b) Auf welcher Straßenseite sind jeweils die Hausnummern 13; 24; 30; 35; 98; 100; 101; 141; 143; 150 zu finden?

3 Milliarden und Billionen

Nach heutigen Erkenntnissen leben Menschen seit etwa 1 Million Jahren auf der Erde. Die Erde ist aber viel älter. Sie besteht seit fast 5 Milliarden Jahren. Die Erdkugel wiegt immerhin unvorstellbare

6 000 000 000 000 000 000 000 Tonnen

(6 Trilliarden t). Derzeit leben weit über 5 Milliarden Menschen auf unserem Planeten.
Auf seiner Bahn um die Sonne legt er jedes Jahr etwa eine Milliarde Kilometer zurück.

Den Wert solch großer Zahlen erkennt man leichter mit Hilfe der Stellenwerttafel. Sie lässt sich nach links durch zusätzliche Stufenzahlen beliebig erweitern. Außerdem hilft die Stellenwerttafel beim Lesen und Sprechen großer Zahlen.

Stellenwerttafel

	Billionen B.			Milliarden Mrd.			Millionen Mio.			Tausender T					
	H	Z	E	H	Z	E	H	Z	E	H	Z	E	H	Z	E
													1	0	0	0
								1	0	0	0	0	0	0
						1	0	0	0	0	0	0	0	0	0
			1	0	0	0	0	0	0	0	0	0	0	0	0

1 Tausender = 1000 Einer = 1 000
1 Million = 1000 Tausender = 1 000 000
1 Milliarde = 1000 Millionen = 1 000 000 000
1 Billion = 1000 Milliarden = 1 000 000 000 000

Um große Zahlen besser lesen und vergleichen zu können teilt man die Ziffern in Dreierblöcke ein. Man beginnt dabei rechts und lässt zwischen den Blöcken jeweils eine kleine Lücke.

Beispiel 1: Ordnen von großen Zahlen in Dreierblöcken.

        ungeordnet: 785983013   geordnet: 785 983 013
                       1342678567   1 342 678 567

Beispiel 2: Große Zahlen in Ziffern und Worten.

        8 300 000   acht Millionen dreihunderttausend
      6 800 000 001   sechs Milliarden achthundert Millionen eins
   213 000 017 019   zweihundertdreizehn Milliarden siebzehntausendneunzehn
4 076 000 000 211   vier Billionen sechsundsiebzig Milliarden zweihundertelf

Natürliche Zahlen

1 Übertrage die Zahlen in eine Stellenwerttafel in deinem Heft. Lies die Zahlen dann laut.
a) 8476930; 2748007; 1773125
b) 3501627812; 12012012012
c) 288213824412; 56793481900
d) 3618529917321; 9089897526877
e) 8256387606; 261239418779315
f) 4401002030040; 2332323233223

2 Ordne die Zahlen zuerst in Dreierblöcken und lies sie dann laut.
a) 38547921; 75575775; 444333555
b) 242365743; 9740025264; 570005705
c) 222222222222; 627276627276627
d) 34000000000000; 519073612829612
e) 103275139467901; 999999999999999
f) 101110101110011; 101010101010101

3 Zähle von 999999996 um 10 Zahlen weiter. Notiere diese Zahlen in Dreierblöcken geordnet.

Denke an folgende Abkürzungen:
Million   Mio.
Milliarde Mrd.
Billion   B.

4 Mit wie vielen Nullen schreibt man folgende Zahlen?
a) 1 Mio.   b) 10 Mio.   c) 100 Mio.
   1 Mrd.   10 Mrd.   100 Mrd.
   1 B.   10 B.   100 B.

5 Zähle von 117 650 000 weiter
a) in 10 000er Schritten,
b) in 100 000er Schritten.
Notiere jeweils die nächsten 10 Zahlen.

6 Zähle von 23 560 000 rückwärts
a) in 10 000er Schritten,
b) in 100 000er Schritten.
Notiere jeweils die nächsten 10 Zahlen.

7 Schreibe mit Ziffern.
a) sechzig Millionen
b) dreiundzwanzig Milliarden
c) fünfundneunzig Billionen
d) neunhundertachtzehn Millionen
e) fünfhundertsechs Milliarden
f) einhundertsiebzehn Billionen
g) neunhundertneunzig Billionen
h) siebenhundertsieben Milliarden
i) eine Milliarde eins
j) dreiunddreißig Billionen siebzehn

8 Gib in Ziffern an:
a) dreihundertzwanzig Millionen fünfhundertsechstausend
b) sechshundertzweiundzwanzig Milliarden siebenhundertzehn Millionen
c) siebzig Milliarden einhundertelf Millionen neunundzwanzigtausendsieben
d) elf Billionen elf Milliarden elf Millionen elftausendelf
e) neunhundertneunundneunzig Milliarden neunhundertneunundneunzig Millionen neunundneunzig

9 Schreibe in Worten.
a) 600 000; 600 000 000; 600 000 000 000
b) 82 000 000; 82 000 000 000
c) 650 000 000; 65 000 000 000 000
d) 12 000 618; 273 011 000 217
e) 77 777 777 777; 111 000 222 444 888
f) 205 309 405 605; 22 022 022 222 222
g) 987 654 321; 800 087 000 888

10 Große Zahlen werden oft auch gemischt in Ziffern **und** Worten angegeben, z. B. 6 Millionen, 23 Milliarden.
Gib folgende Zahlen nur mit Ziffern an.
34 Millionen = 34 000 000
a) 76 Millionen   b) 312 Millionen
c) 95 Milliarden   d) 819 Milliarden
e) 225 Billionen   f) 917 Billionen

11 Schreibe wie im Beispiel.
4500 Mio. = 4 Mrd. 500 Mio.
a) 2300 Mio.   b) 20 000 Mio.
c) 3670 Mio.   d) 18 490 Mio.
e) 5870 Mrd.   f) 99 618 Mrd.

12 Gib in Millionen an.
a) 2 Mrd.   b) 321 Mrd.   c) 1 B.
   17 Mrd.   599 Mrd.   73 B.
   53 Mrd.   801 Mrd.   409 B.
   89 Mrd.   987 Mrd.   909 B.

13 Die Zahl 100 000 ist eine Stufenzahl mit 5 Nullen.
Wie heißt die Stufenzahl, die
a) 6   b) 9   c) 12   d) 3   e) 7
f) 10 g) 11 h) 2   i) 1   j) 0
Nullen hat? Gib die Zahlen jeweils in Ziffernschreibweise und in Worten an.

Was ist das? Ist allein nichts wert, angehängt an jede Ziffer jedoch begehrt.

14 Wie heißt jeweils der Nachfolger?
a) 317 612　　b) 115 637 008
c) 2 301 589　　d) 17 617 799
e) 23 999 999　　f) 999 999 999 999

15 Notiere jeweils den Vorgänger.
a) 100 000　　b) 3 612 810
c) 10 000 000　　d) 1 000 000 000
e) 110 Milliarden　　f) 3 Billionen

16 Schreibe die größte
a) einstellige Zahl,
b) fünfstellige Zahl,
c) sechsstellige Zahl,
d) achtstellige Zahl,
e) zwölfstellige Zahl.

17 Ordne die Ziffernkärtchen so, dass die kleinstmögliche (größtmögliche) Zahl entsteht.

18 Ordne die Zahlen der Größe nach.
a) 1 001 100 001; 1 111 000 111;
1 010 101 010; 1 111 111 001;
1 000 000 001; 1 000 111 000
b) 8 008 008 000; 8 880 000 000;
8 088 088 000; 8 888 000 888;
8 000 888 880; 8 808 808 808

19 Um 1923 gab es in Deutschland Geldscheine, auf denen sehr große Beträge gedruckt waren. Allerdings war das Geld nur sehr wenig wert: Für ein Brot musste man oft viele Milliarden Reichsmark bezahlen.
Schreibe die auf den Scheinen gedruckten Reichsmarkbeträge in Ziffern.

> **info**
> Du kennst jetzt die Stellenwerttafel bis zu den Billionen. Da es keine größte Zahl gibt, hört die Stellenwerttafel auch nicht bei den Billionen auf. Wie die Stellenwerttafel weitergeht, ist vor allem dann interessant, wenn man mit sehr großen Zahlen rechnen muss (z. B. bei Entfernungen im Weltall).
>
> Die Stellenwerttafel wird dann so erweitert:
> 1 Million　　1......(6 Nullen)
> 1 Milliarde　　1......(9 Nullen)
> 1 Billion　　1......(12 Nullen)
> 1 Billiarde　　1......(15 Nullen)
> 1 Trillion　　1......(18 Nullen)
> 1 Trilliarde　　1......(21 Nullen)
> ⋮　　⋮

20 Schreibe in Worten:
a) 12 550 000　　b) 321 467 000
c) 99 999 999　　d) 700 700 700
e) 380 245 112　　f) 800 000 000 000

21 Schreibe den Satz ohne Ziffern:
„1 Liter menschliches Blut enthält etwa 5 000 000 000 000 rote Blutkörperchen."

22 Schreibe die folgenden Zahlenangaben jeweils mit Ziffern.
a) Der Durchmesser der Erde beträgt dreizehn Millionen Meter.
b) Zur Zeit von Christi Geburt lebten auf der Erde etwa 250 Mio. Menschen.
c) Die Erde ist von der Sonne etwa 150 Millionen Kilometer entfernt.

23 Licht breitet sich mit einer Geschwindigkeit von etwa 300 000 km pro Sekunde aus. In einem Jahr legt das Licht eine Strecke von 9 467 077 800 000 km zurück. Gib diese Strecke (= 1 Lichtjahr) in Worten an.

24 Ein Mensch, der 1 Million Minuten alt ist, hat ein Alter von etwa 700 Tagen. Kann er ein Alter von 1 Milliarde Minuten erreichen?

Natürliche Zahlen

4 Runden von Zahlen

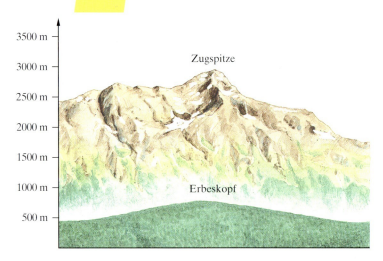

Die Zugspitze in den Bayerischen Alpen ist mit fast 3000 m der höchste Berg Deutschlands. In Rheinland-Pfalz ist der etwa 800 m hohe Erbeskopf (Hunsrück) der höchste Berg.
Die genauen Höhenangaben sind: Zugspitze 2963 m; Erbeskopf 818 m.
Bei vielen Angaben ist es nicht notwendig genaue Zahlen anzugeben. Es genügen „**gerundete**" Angaben. Solche Zahlen kann man sich leichter merken und besser mit anderen Zahlen vergleichen. Dadurch werden sie auch wesentlich anschaulicher.

Vor dem Runden einer Zahl ist die **Rundungsstelle** (Zehner, Hunderter, Tausender, ...) festzulegen. Nur die Stelle, die **rechts** von der Rundungsstelle steht, ist für das Runden entscheidend.

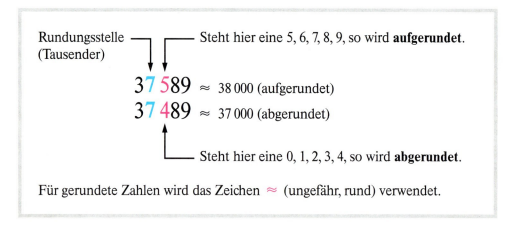

Für gerundete Zahlen wird das Zeichen ≈ (ungefähr, rund) verwendet.

Beispiel 1:

Man spricht:
48 349 ist **ungefähr** 48 000
oder
48 349 ist **rund** 48 000

Man schreibt:

48 349 ≈ 48 000

Beispiel 2:

a) Runden auf Zehner
   178 ≈ 180 (aufrunden)
   612 ≈ 610 (abrunden)

b) Runden auf Hunderter
   2371 ≈ 2400 (aufrunden)
   3412 ≈ 3400 (abrunden)

c) Runden auf Tausender
   9502 ≈ 10 000 (aufrunden)
   64 486 ≈ 64 000 (abrunden)

d) Runden auf Millionen
   9 742 948 ≈ 10 000 000 (aufrunden)
   3 403 123 ≈ 3 000 000 (abrunden)

Aufgepasst, wenn an der Rundungsstelle die Ziffer 9 steht!

Natürliche Zahlen

1 Runde auf Zehner.
a) 81   b) 4749   c) 12 811
   23   8378   85 316
   74   6312   36 449
   169   1165   1896

2 Runde auf Hunderter.
a) 675   b) 4876   c) 88 735
   222   7217   34 888
   943   2359   78 901
   89   9666   49 712

3 Runde auf Tausender.
a) 1224   b) 21 356 c) 243 789
   4789   76 598   437 459
   8458   45 812   394 884
   1789   83 183   863 368

4 Runde auf Zehntausender.
48 712 ≈ 50 000
a) 37 890 b) 765 398 c) 5789
   78 912   239 865   9456
   59 787   190 789   5837
   86 472   634 211   4812

5 Runde auf Millionen.
a) 3 947 592 b) 4 464 999 c) 61 837 412
   7 333 001   8 935 676   49 618 739
   5 689 168   1 853 974   4 937 884
   8 194 364   6 189 378   96 334 195

Runde eine Zahl nie mehrmals nacheinander.
Falsch ist:
3745 ≈ 3750 ≈ 3800

6 Runde jede angegebene Zahl auf Zehner (Hunderter, Tausender, Zehntausender und Hunderttausender).
a) 9 778 945   b) 756 090 909
   2 783 322   10 007 875
   13 452 778   83 004
   29 999 999   45 637

7 Runde auf ganze DM und schreibe ohne Komma.
a) 17,49 DM   b) 512,39 DM   c) 667 Pf
   47,39 DM   5874,78 DM   1111 Pf
   12,67 DM   1712,44 DM   8759 Pf
   187,92 DM   497,98 DM   812 Pf

8 Runde auf ganze Kilogramm.
a) 35 kg 689 g   b) 8 kg 497 g
   50 kg 335 g   28 kg 912 g
   15 kg 987 g   91 kg 384 g

Erinnere dich:
1 kg = 1000 g

9 Folgende Zahlen sind auf Zehner gerundet. Gib zu jeder Zahl alle ungerundeten Zahlen an.

gerundete Zahl	ungerundete Zahlen
680	675, 676, 677, 678, 679, 680, 681, 682, 683, 684

a) 30   b) 4180   c) 8900
   90   2420   4600
   380   7700   19 500
   810   1250   100 600

10 Hier wurden die Zahlen auf Tausender gerundet. Gib jeweils die größtmögliche und die kleinstmögliche Zahl an, aus der die gerundeten Zahlen entstanden sein können.
a) 4000   b) 67 000 c) 1000
   9000   45 000   60 000
   12 000   114 000   834 000
   39 000   89 000   297 000

11

Kaiserstraße 32, 55116 Mainz

um	Konto-Nr.	Auszahlung/Einzahlung	Guthaben DM
.96	123 456 789		450,00	* * 450,00
.96	123 456 789	120,00	* * 330,00
.96	123 456 789		100,00	* * 430,00
.96	123 456 789		50,00	* * 480,00

Warum dürfen die Zahlenangaben im Sparbuch nicht gerundet werden?

12 Bei welchen Angaben darfst du nicht runden?
a) Postleitzahl (R)
b) Entfernung zwischen Stuttgart und Heilbronn (B)
c) Telefonnummer (U)
d) Geburtsjahr (N)
e) Einwohnerzahl von Böblingen (M)
f) Höhe des Eiffelturms in Paris (T)
g) Autokennzeichen (D)
Wenn du die Aufgabe richtig löst, ergeben die Buchstaben in Klammern ein Lösungswort.

13 Suche weitere Beispiele, bei denen Zahlen nicht gerundet werden dürfen.

Natürliche Zahlen

14

Scherzhaft wird gesagt: „Die Karthause ist der höchste Berg in Rheinland-Pfalz, weil es oft Jahre dauert, bis man wieder herunterkommt."

Auf der Karthause in Koblenz befindet sich eine große Strafanstalt. Die Karthause liegt 173 m über dem Meeresspiegel, die Innenstadt von Koblenz liegt 65 m über dem Meeresspiegel.
a) Runde die Höhenangaben auf Zehner.
b) Um wie viel Meter überragt die Karthause die Stadt? Rechne im Kopf mit den gerundeten Zahlen.

15 Im Landkreis Mainz-Bingen waren 1997 insgesamt 121 989 Fahrzeuge gemeldet:
100 769 Personenkraftwagen,
3993 Lastkraftwagen und Omnibusse,
9660 Zugmaschinen,
6152 Krafträder,
1415 sonstige Kraftfahrzeuge.
a) Runde alle Angaben auf Tausender.
b) Ordne die gerundeten Zahlen der Größe nach. Beginne mit der größten Zahl.

16 Im Pfälzerwald in der Nähe von Dahn gibt es den Rauhberg (357 m), die Ruine Drachenfels (368 m), den Budelstein (448 m), den Löffelsberg (416 m). Außerdem noch den Schafstein (399 m) und den Eichelberg (406 m).
a) Ordne alle Höhenangaben der Größe nach. Beginne mit der niedrigsten Höhe.
b) Runde die Angaben auf Hunderter. Was stellst du dabei fest?

17

Bei dieser Zahl fehlen zwei Ziffern. Wenn man die Zahl abrundet, ergibt sich 8600. Gib die größtmögliche und die kleinstmögliche Zahl an.

18 Die östlichen Bundesländer haben folgende Einwohnerzahlen (gerundet auf Tausender):
Brandenburg: 2 641 000
Mecklenburg/Vorpommern: 1 964 000
Sachsen: 4 901 000
Sachsen-Anhalt: 2 965 000
Thüringen: 2 684 000
a) Runde auf Hunderttausender.
b) Ordne die gerundeten Zahlen der Größe nach. Beginne mit der kleinsten Zahl.

19

Dramatisches Spiel auf dem Betzenberg

In einem dramatischen Spiel unterlag der FC Kaiserslautern der Frankfurter Eintracht vor 33 119 Zuschauern nicht unverdient mit 1 : 3. Obwohl 15 000 Zuschauer mehr als im letzten Heimspiel ihren FCK anfeuerten, hatten die Frankfurter auf Grund der stärkeren ...

Welche Zahlenangabe ist hier wohl nicht genau?

20 Donau, Rhein und Elbe sind die längsten deutschen Flüsse; sie fließen aber auch durch andere Länder.

	Gesamtlänge	in Deutschland
Donau	2858 km	647 km
Rhein	1320 km	865 km
Elbe	1165 km	786 km

Runde alle Angaben auf Hunderter.

21 Der „Rundungsfehler" gibt an, um wie viel die gerundete Zahl von der ursprünglichen Zahl abweicht.
Wenn man 18 auf 20 rundet, so ist 2 (20 − 18 = 2) der Rundungsfehler.
Ergänze folgende Tabelle:

	Zahl	Rundungsfehler	gerundete Zahl
	66; 74	4	70
a)	169; 171		170
b)		2	130
c)	487; 513	13	
d)		15	200

5 Ordnen und Darstellen von Zahlen

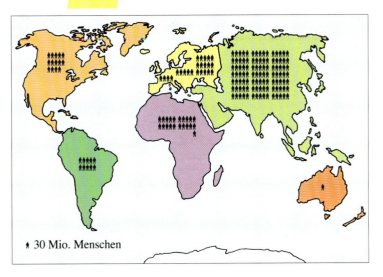

↑ 30 Mio. Menschen

Auf unserer Erde leben heute ungefähr 6 000 000 000 Menschen. Die Bevölkerung ist jedoch nicht überall gleichmäßig verteilt. Europa und Asien sind die am dichtesten besiedelten Erdteile. China ist mit über einer Milliarde Menschen der Staat mit den meisten Einwohnern. Die Bundesrepublik Deutschland hat zur Zeit etwa 80 Millionen Einwohner. Die Anzahl der Menschen auf den verschiedenen Erdteilen kann man sich besser vorstellen, wenn man anstelle der Zahlen Bildzeichen in die Landkarte einzeichnet. Ein Zeichen steht hier für 30 Millionen Einwohner.

Mit Hilfe von Schaubildern lassen sich vor allem große Zahlen übersichtlich darstellen und veranschaulichen. Die verwendeten Zahlen werden meistens vorher gerundet.

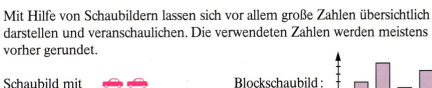

Schaubild mit Bildzeichen: Blockschaubild:

Beispiel 1: Schaubild mit Bildzeichen

Viele Tierarten sind vom Aussterben bedroht. Teilweise gibt es nur noch wenige freilebende Exemplare. Im folgenden Schaubild steht ein Zeichen für 100 Tiere.

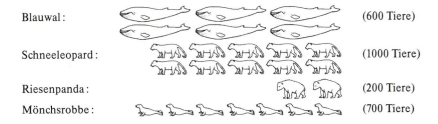

Blauwal: (600 Tiere)
Schneeleopard: (1000 Tiere)
Riesenpanda: (200 Tiere)
Mönchsrobbe: (700 Tiere)

Beispiel 2: Blockschaubild

In den europäischen Ländern sind die Schulferien nicht gleich lang. Die Schüler an deutschen Schulen haben 75 Ferientage im Jahr. In Frankreich (F) sind es 95 Tage, in Italien (I) 90 Tage, in der Türkei (TR) 100 Tage, in Spanien (E) 75 Tage und in Großbritannien (GB) 80 Tage.

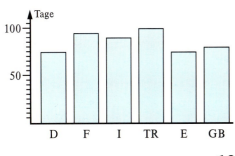

Natürliche Zahlen **19**

1 Die Bildzeichen im folgenden Schaubild zeigen die gerundeten Einwohnerzahlen einiger rheinland-pfälzischer Städte. Ein Bildzeichen steht für 10 000 Einwohner. Schreibe die einzelnen Einwohnerzahlen auf.

Mainz: 👥👥👥👥 👥👥👥👥👥 👥👥👥👥👥 👥👥👥👥
Ludwigshafen: 👥👥👥👥👥 👥👥👥👥👥 👥👥👥👥👥 👥👥
Kaiserslautern: 👥👥👥👥👥 👥👥👥👥👥 👥
Koblenz: 👥👥👥👥👥 👥👥👥👥👥
Trier: 👥👥👥👥👥
Neuwied: 👥👥👥👥👥 👥👥
Neustadt a.d.W.: 👥👥👥👥👥
Landau: 👥👥👥👥

2 Erstelle ein Schaubild mit Bildzeichen. Verwende zur Darstellung ein Bildzeichen für jeweils 100 000 Einwohner.
Stuttgart: 560 100 Einwohner: 👤👤👤👤👤👤
München: 1 206 400
Bremen: 533 800
Hamburg: 1 597 500
Köln: 934 400

3 a) Ordne die Flüsse der Länge nach. Beginne mit dem längsten.

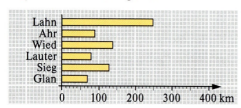

b) Lies die Längen der Flüsse möglichst genau ab und notiere sie.

Ein Schaubild nennt man auch Diagramm.

4 Aus dem folgenden Diagramm können monatliche Durchschnittstemperaturen abgelesen werden.

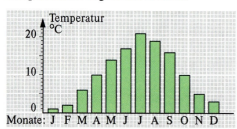

Ordne die Monate nach der Temperatur. Beginne mit dem wärmsten Monat.

5 Die meisten Schülerinnen und Schüler einer fünften Klasse sind in Sportvereinen aktiv. 5 von ihnen spielen Fußball, 4 turnen, 7 spielen Volleyball, 3 spielen Badminton und 2 gehen zum Schwimmen. Ergänze das Blockschaubild im Heft.

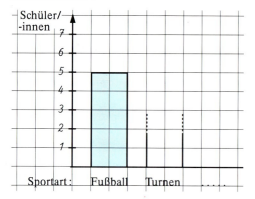

6 Manche Tiere können sehr alt werden. Zeichne nach folgenden Angaben ein Blockschaubild (10 Jahre: 1 cm).

Hummer   45 Jahre   Kamel   40 Jahre
Uhu   65 Jahre   Elefant 70 Jahre
Gorilla 60 Jahre   Karpfen 120 Jahre
Esel   100 Jahre   Adler   100 Jahre

7 Jährlich fliegen über 35 Millionen Menschen vom Frankfurter Flughafen ab. Davon entfallen auf Linienflüge nach Paris 457 807, nach London 897 158, nach Zürich 218 464, nach Istanbul 302 819, nach Wien 281 924 und nach Helsinki 114 917 Passagiere.
Runde die Zahlen auf Zehntausender und zeichne ein Blockdiagramm.

8 Die Anzahl der Pkw hat sich in der Bundesrepublik Deutschland in den letzten 30 Jahren drastisch erhöht.

1961 gab es 4 218 100,
1971 gab es 12 058 900,
1981 gab es 19 549 900,
1991 gab es 31 587 000.

Fachleute behaupten, dass man im Jahre 2000 mit über 40 000 000 Pkw rechnen muss.

Runde die Zahlen zuerst auf Millionen und stelle sie in einem Schaubild mit Bildzeichen dar (2 000 000 Autos: 🚗).

Natürliche Zahlen

9 Stelle die Höhe der Türme in einem Blockdiagramm dar (100 m : 1 cm).

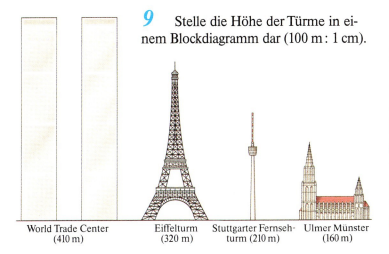

World Trade Center (410 m)　Eiffelturm (320 m)　Stuttgarter Fernsehturm (210 m)　Ulmer Münster (160 m)

11 Ein Förster will wissen, wie stark ein Waldstück vom Baumsterben bedroht ist. Dazu legt er folgende Strichliste an.

	Anzahl der Bäume
gesund	̄卌 卌 卌 卌 卌 卌 卌
kränkelnd	卌 卌 卌 卌 卌 卌 卌 卌 卌 I
krank	卌 卌 卌 卌 卌 I
sehr krank	卌 卌 卌 卌 卌 卌 卌 卌 II

Runde die Anzahl der Bäume auf Zehner. Erstelle dann ein Blockschaubild (10 Bäume : 1 cm).

12 Vor einer Fahrradtour wurden die Fahrräder der Klasse 5a auf ihre Verkehrssicherheit überprüft. Dabei wurden fehlende oder defekte Teile beanstandet.

Glocke	卌 卌 II
Bremsen	卌
Bereifung	II
Beleuchtung	卌 III
Reflektoren	IIII

Zeichne das entsprechende Blockdiagramm in dein Heft.

Strichlisten

Strichlisten verwendet man zum Zählen von Personen, Gegenständen oder Stimmen (bei Wahlen).
Die Zahl 1 wird durch einen senkrechten Strich I dargestellt, die Zahl 2 durch 2 senkrechte Striche II usw. Damit man größere Zahlen besser lesen kann, wird jeder fünfte Strich quer eingezeichnet 卌.
Bei einer Klassensprecherwahl hat sich folgende Strichliste ergeben:

Name	Ralf	Anna	Gabi	Marc
Stimmen	卌 IIII	卌 卌 I	IIII	I
	9	11	4	1

In diesem Beispiel hat Anna 11 Stimmen erhalten und damit die Wahl gewonnen.

13 Bei einer Verkehrszählung wurden zehn Minuten lang alle vorbeifahrenden Personenkraftwagen gezählt und in einer Strichliste erfasst. Zeichne dazu ein Blockschaubild.

Audi	卌 卌 II	Opel	卌 IIII
BMW	卌	Peugeot	卌 I
D.-Benz	卌 卌	Porsche	II
Fiat	卌 II	Toyota	IIII
Ford	卌 IIII	VW	卌 卌 卌 I

14 Würfle mit einem Spielwürfel 50-mal.
a) Notiere jeweils die gewürfelte Augenzahl mit Hilfe einer Strichliste.

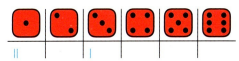

b) Zeichne dazu ein Blockdiagramm.
c) Vergleiche das Blockdiagramm mit denen deiner Mitschülerinnen und Mitschüler.

10 Bei einem Erdkundequiz gibt es für jede richtige Antwort einen Punkt. Svenja notiert an der Tafel:

Pia	Kosta	Timo	Klaus	Fatma	Sven
III	卌 I	卌 卌	卌 卌 I	卌 卌 II	卌 III

Wie viele Punkte wurden jeweils erreicht?

Natürliche Zahlen **21**

6 Römische Zahlen

Der Limes ist ein Grenzwall, den die Römer vor etwa 2000 Jahren zum Schutz gegen germanische Volksstämme gebaut haben. Dieser Grenzwall verlief auch durch das heutige Rheinland-Pfalz (siehe nebenstehende Karte).
Natürlich gab es auch Limesübergänge, denn nur so konnte über die Grenze hinweg Handel getrieben werden. Durch gut ausgebaute Straßen waren diese Übergänge mit verschiedenen Städten im römischen Reich verbunden. Entlang dieser Straßen waren oft Meilensteine mit Entfernungsangaben aufgestellt. Die Aufschriften waren in römischen Meilen und mit römischen Zahlen angegeben.

Auch heute werden noch römische Zahlzeichen verwendet. Ihre Bedeutung wirst du in dieser Lerneinheit kennenlernen.

Die Römer benutzten folgende Zahlzeichen zum Schreiben ihrer Zahlen.

Stufenzeichen: **I**   **X**   **C**   **M**
                  1   10   100   1000

Zwischenzeichen: **V**   **L**   **D**
                   5   50   500

In einer römischen Zahl dürfen die Stufenzeichen I, X und C höchstens dreimal direkt nebeneinander, die Zeichen V, L und D höchstens einmal vorkommen.

Das römische Ziffernsystem ist kein Stellenwertsystem. XVI bedeutet: 10 + 5 + 1 = 16

Folgende Regeln müssen dabei beachtet werden:

Stehen gleiche Stufenzeichen nebeneinander, so wird addiert (zusammengezählt).

Beispiel 1:   a) II = 1 + 1 = **2**
                b) XXX = 10 + 10 + 10 = **30**
                c) CC = 100 + 100 = **200**

Steht ein kleineres Zeichen **rechts** neben einem größeren Zeichen, so wird **addiert**.

Beispiel 2:   a) VI = 5 + 1 = **6**
                b) LV = 50 + 5 = **55**
                c) CX = 100 + 10 = **110**

Steht ein kleineres Zeichen **links** neben einem größeren Zeichen, so wird **subtrahiert** (abgezogen).

Beispiel 3:   a) IV = 5 − 1 = **4**
                b) IX = 10 − 1 = **9**
                c) CM = 1000 − 100 = **900**

Natürliche Zahlen

1 Gib jeweils den Wert der römischen Zahl an.
a) X; L; D; M; I; V; C
b) II; VI; XI; VII; XV; XX; XII
c) XIII; DL; MII; CCC; DLX
d) LXXV; DLXI; MDXX; DCCX
e) MDXV; DCCLX; CLXXVII; MMDC
f) IV; XIV; DLIX; MDXL; MDXIX
g) XLV; MMDXLIV; MCMLXXIV
h) CDXLVI; MCDLV; MLXXIV

Das Lösungswort der richtig geschriebenen römischen Zahlen und das der falsch geschriebenen helfen dir bei der Überprüfung deiner Ergebnisse.

2 Richtig oder falsch? Begründe deine Antwort.
a) VIV   (L)   b) LXXX   (C)
c) MDCVII   (Ä)   d) LXXIVV   (I)
e) MDLXXIIV (M)   f) LXVII   (S)
g) LLX   (E)   h) CCXXVII   (A)
i) DXXII   (R)   j) DDLXV   (S)

3 Gib mit römischen Zahlzeichen an.
a) 3; 5; 20; 50; 100; 150; 130; 60
b) 51; 110; 200; 3000; 160; 1500
c) 12; 80; 170; 320; 260; 550
d) 35; 17; 13; 21; 55; 31; 58; 75

4 Schreibe mit römischen Zahlzeichen.
a) 71; 121; 350; 265; 185; 291
b) 78; 89; 391; 399; 1674; 3447
c) 99; 199; 384; 786; 1888; 3678
d) 77; 82; 56; 117; 228; 1224; 2366

5 Welches Zahlzeichen kommt nach (vor) den folgenden Zahlzeichen?
XVII; XXII; LVI; LXXIV; CLXVII; CC

6 Die Stadt Mainz wurde um das Jahr CCLXVII als römische Stadt ausgebaut und wurde ein bedeutender Handels- und Ankerplatz. In welchem Jahr war dies?

7 a) Schreibe die diesjährige Jahreszahl mit römischen Zahlzeichen.
b) Schreibe dein Geburtsjahr (das deiner Eltern/Geschwister) mit römischen Zahlzeichen.

8 a) Kannst du mit zwei Streichhölzern die Zahl 50 legen?
b) Welche römischen Zahlen kannst du noch mit 2 Streichhölzern legen?

Jupitersäule bei Mainz

9 Gib das Geburtsjahr jeweils in arabischen Ziffern / römischen Zahlzeichen an.

	arabisch	römisch
J. S. Bach	1685	MDCLXXXV
Hildegard v. Bingen		MXCVIII
Charly Chaplin	1889	
Albert Einstein	1879	
Käthe Kollwitz	1867	
Astrid Lindgren		MCMVII
Adam Ries		MCDXCII

10 Auf den Tontafeln siehst du die Ergebnisse der Rechnungen in römischen Zahlzeichen. Ordne richtig zu. Die zugehörigen Buchstaben ergeben ein Lösungswort.
a) 3 · 4   b) 28 − 9   c) 15 : 3   d) 14 + 8
e) 20 − 11   f) 10 · 10   g) 8 : 2

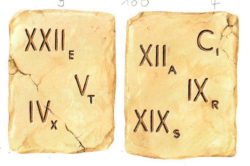

11 Gib die römischen Zahlzeichen, die im Brief vorkommen, als arabische Ziffern an.
Übertrage den Text in dein Heft.

> Lieber Brutus,
>
> ich wünsche dir zu deinem XXI. Geburtstag alles Gute. Hoffentlich bringen deine CXLIV Gäste viele Geschenke mit. Wahrscheinlich werdet ihr wieder V Tage lang feiern. Viel Spaß dabei!
> Ich bin jetzt seit VII Wochen in Treverorum und freue mich schon auf ein Wiedersehen in XLI Tagen. Dann haben wir (CDL Mann) erst einmal XIX Tage Urlaub in Moguntiacum.
>
> Dein Caesar.

Natürliche Zahlen

7 Vermischte Aufgaben

1 Trage folgende Zahlen in eine Stellenwerttafel ein.

a) 4812
   18746
   47399
   118475

b) 700578
   476200
   2840011
   90003221

c) 183744
   812932477
   74834998267
   14793220014

2 Zerlege folgende Zahlen in Mio., HT, ZT, T, H, Z, E.

460047 = 4 HT + 6 ZT + 4 Z + 7 E

a) 48301
   33106
   70879
   200897

b) 1878680
   5200819
   8740506
   5428009

c) 74000745
   97437946
   181888080
   854300506

3 Schreibe folgende zerlegte Zahlen mit Ziffern.

a) 9 T + 6 H + 3 Z + 1 E
b) 4 ZT + 2 T + 8 H + 2 Z + 5 E
c) 4 Mio. + 3 HT + 9 ZT + 2 T + 7 H
d) 34 Mio. + 4 ZT + 3 T + 2 E
e) 7 HT + 1 ZT + 5 T + 8 Z + 4 E
f) 8 Mio. + 3 ZT + 6 T + 2 H + 9 E

4 Schreibe in Ziffern.

a) sechsundvierzig Millionen zwölftausendvierhundert
b) achthunderteinundzwanzig Millionen siebenhundertdreizehntausendachtzig
c) vier Billionen dreihundertsiebentausendneunhundertdrei

5 Übertrage in dein Heft und ergänze die fehlenden Zahlen.

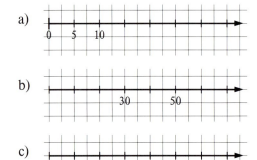

6 Erweitere den Zahlenstrahl im Heft und markiere folgende Zahlen.

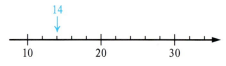

a) 8; 16; 12; 24; 4
b) 20; 36; 44; 28; 56
c) 10; 26; 34; 18; 2; 46

7 Zeichne den Zahlenstrahl in dein Heft. Trage die fehlenden Zahlen ein.

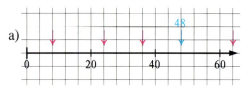

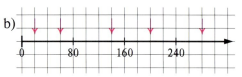

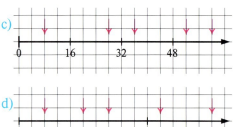

8 Ordne folgende Zahlen der Größe nach. Verwende das Zeichen <.

a) 6985; 4300; 18 914; 31 784
b) 846 727; 730 046; 429 553; 2 843 005
c) 6 455 000 622; 3 914 476 553; 111 919 001; 4 000 101 765

9 Runde die Zahlen auf Hunderttausender und schreibe sie dann in Worten.

a) 56 300 567
   82 407 512
   270 004 560

b) 5 051 983
   9 230 054
   286 400 303

10 Runde folgende Zahlen auf Hunderter (Tausender, Zehntausender).
a) 876 843
   18 412
   33 240 037
   6 734 425
b) 532 325
   8 420 000
   212 318
   912 435 677

11

arabische Zahl	römische Zahl
187	
	MCXXIV
3812	
	MMDCCVI
1917	
	MLVII
93	

a) Vervollständige die Tabelle im Heft.
b) Schreibe zu jeder Zahl den Vorgänger und den Nachfolger auf. Verwende dazu eine Tabelle mit sechs Spalten.

12 Katharina behauptet, dass sie rund 14 DM im Geldbeutel habe. Wie viel Geld kann sie im Geldbeutel haben? Gib den größtmöglichen und den kleinstmöglichen Betrag an.

13 Bilde aus den Ziffern 3, 4, 6 und 8 Zahlen. Jede Ziffer darf dabei nur einmal vorkommen. 3468; 3486; 3648; 3684; 3846; 3864; ... sind hierfür Beispiele.
a) Schreibe die Zahlen der Größe nach geordnet auf. Insgesamt sind es 24 verschiedene Zahlen.
b) Wie groß ist jeweils die Quersumme?

Denke daran:
Die Quersumme ist die Summe der Ziffern einer Zahl.

14 In der folgenden Tabelle sind die Durchmesser von wichtigen Himmelskörpern unseres Sonnensystems angegeben:

Sonne	1 392 000 km	Mond	3 476 km
Pluto	6 800 km	Venus	12 104 km
Erde	12 756 km	Mars	6 796 km
Jupiter	142 778 km	Saturn	120 670 km
Uranus	50 800 km	Neptun	49 500 km

a) Ordne die Angaben nach der Größe. Beginne mit dem Monddurchmesser.
b) Runde alle Angaben auf Tausender.

15

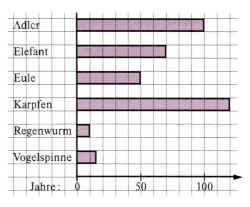

a) Lies aus dem Blockschaubild ab, wie alt jedes Tier werden kann.
b) Ordne die Tiere nach ihrem möglichen Höchstalter.

16 Runde folgende Berghöhen auf Hunderter und zeichne dazu ein geeignetes Blockdiagramm.

Zugspitze	2963 m	Wasserkuppe	950 m
Watzmann	2713 m	Nebelhorn	2224 m
Wendelstein	1837 m	Feldberg	1493 m
Arber	1457 m	Brocken	1142 m

17 Eine 5. Klasse will Fahrradsturzhelme bestellen. Für die Farbwünsche legt der Klassensprecher folgende Strichliste an.

Rot	Gelb	Blau	Grün	Weiß
IIII	JHT	JHT III	III	III

a) Zeichne dazu ein geeignetes Blockdiagramm.
b) Wie viele Helme werden von der Klasse bestellt?

18 Gib die Jahreszahlen in arabischen Zahlen an.

	Name	Geburtsjahr	Todesjahr
a)	G. Daimler	MDCCCXXXIV	MCM
b)	R. Bosch	MDCCCLXI	MCMXLII
c)	Th. Heuss	MDCCCLXXXIV	MCMLXIII
d)	F. Schiller	MDCCLIX	MDCCCV
e)	L. Uhland	MDCCLXXXVII	MDCCCLXII

Natürliche Zahlen

Blick...

Die Erde ist einer von neun Planeten, die unsere Sonne umrunden. Sie braucht dazu ein Jahr und legt dabei eine Strecke von etwa 940 Millionen km zurück. Die Entfernung von der Erde zur Sonne beträgt ungefähr 150 000 000 km. Der Himmelskörper, der uns am nächsten ist, ist der Mond. Er bewegt sich um die Erde und ist 384 400 km entfernt.

Im Weltall werden sehr große Entfernungen nicht mehr in Kilometer, sondern in Lichtjahren gemessen.
Ein Lichtjahr nennt man die Strecke, die das Licht in einem Jahr zurücklegt: 9 467 077 800 000 km. Das bedeutet: In einer Sekunde legt das Licht fast 300 000 km zurück.
Die Strahlen unserer Sonne brauchen zum Beispiel über 8 Minuten, bis sie auf der Erde auftreffen.

384 400 km

Mit Hilfe eines Modells kann man sich die riesigen Entfernungen im Weltall besser vorstellen. Die Erde und der Mond sind auf der Abbildung im richtigen Größenverhältnis zueinander dargestellt. Der Abstand zwischen den beiden Himmelskörpern müsste allerdings 190 cm betragen.

Aufgabe:
Zeichne die beiden Himmelskörper in der vorgegebenen Größe ab. Benutze dazu einen Zirkel. Gestalte die beiden Kreisflächen farbig, so dass man sie deutlich unterscheiden kann. Hefte sie nun im Abstand von 190 cm an eine Wandfläche.

Sollte die Sonne auch noch dazu abgebildet werden, so wäre sie 7 m groß und 750 m entfernt anzubringen.

ins Weltall

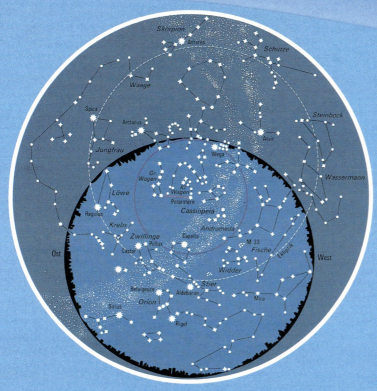

In mondlosen, klaren Nächten kannst du den Polarstern leicht entdecken. Die beste Zeit dafür ist im Winter, wenn es früh dunkel wird.

Wer mehr über die Sterne erfahren möchte, sollte unbedingt ein Planetarium besuchen. Vielleicht kannst du dorthin einen Ausflug mit deinen Eltern oder mit deiner Schulklasse unternehmen.

Der Polarstern
Schon vor langer Zeit konnten die Seefahrer ihren Kurs mit Hilfe der Sterne bestimmen. Der wichtigste Orientierungspunkt war dabei der Polarstern. Er befindet sich immer an derselben Stelle über dem Nordpol. Weil er uns die Himmelsrichtung Norden angibt, nennt man ihn auch Nordstern.

Aufgabe:
Versuche, die Himmelsrichtungen mit Hilfe der Sterne festzustellen. Zunächst musst du das Sternbild des „Großen Wagens" suchen. Da es tatsächlich die Form eines riesigen Wagens hat, wirst du es leicht finden.

TEST ○ ☒ ○

Lies vor dem Test die Hinweise auf Seite 4. Und dann: „Viel Erfolg beim Lösen der Aufgaben."

Leicht
Jede Aufgabe: 2 Punkte

1 Welche Zahlen sind durch Pfeile markiert?
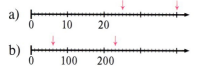

2 Schreibe mit Ziffern.
a) zweihundertfünfzig
b) neunhundertsiebzehn
c) vierundzwanzigtausendneunhundertzwanzig
d) sechsunddreißig Millionen

3 Runde die Zahlen auf Hunderter.
a) 290   b) 1340
c) 22 550   d) 80 139

4 Notiere die Höhen der Bäume.
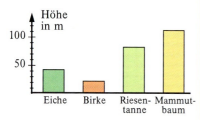

5 Schreibe die Zahlen mit arabischen Ziffern / mit römischen Zahlzeichen.
a) XVII   b) MCMLX
c) 59   d) 1125

Mittel
Jede Aufgabe: 3 Punkte

1 Welche Zahlen sind durch Pfeile markiert?
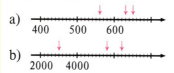

2 Schreibe als Zahlwörter.
a) 55 555
b) 70 032
c) 302 081

3 Runde die Zahlen auf Tausender.
a) 3499   b) 49 800
c) 67 628   d) 130 777
e) 709 500   f) 899 312

4 Thomas gewinnt die Klassensprecherwahl mit 8 Stimmen. Julia erhält 5, Mirko 1, Carmen 7 und Gino 4 Stimmen. Zeichne ein Blockdiagramm (2 Stimmen : 1 cm).

5 Schreibe die Zahlen mit arabischen Ziffern / mit römischen Zahlzeichen.
a) DCCCX   b) MDCLXV
c) MLXXIX   d) 178
e) 2209   f) 1906

Schwierig
Jede Aufgabe: 4 Punkte

1 Zeichne einen Zahlenstrahl bis 1200 (100 Einheiten : 1 cm). Markiere folgende Zahlen mit Pfeilen:
a) 50   b) 300
c) 650   d) 1180

2 Schreibe die Zahlen mit Ziffern / als Zahlwörter.
a) zwei Millionen sechshunderttausendzweihundertvierzig
b) eine Milliarde siebenhundertzwanzig Millionen dreihundert
c) 57 500 009 000
d) 33 000 013 310 000

3 Schreibe jeweils die kleinste und die größte Zahl auf, die auf Hunderter gerundet folgende Zahlen ergeben:
a) 2400   b) 66 000
c) 189 500   d) 700 000

4 Bei der Benotung einer Klassenarbeit legt die Lehrerin folgende Strichliste an.

Note	1	2	3	4	5	6
Anzahl	II	IIII	IHT III	IHT I	II	I

Zeichne dazu ein Blockdiagramm.

5 Schreibe jeweils den Vorgänger und den Nachfolger mit römischen Zahlzeichen auf.
a) LX   b) CMLIV
c) MC   d) MDXLIX

Ermittle nun anhand der Lösungen auf Seite 137 deine erzielte Punktzahl.

2 Rechnen

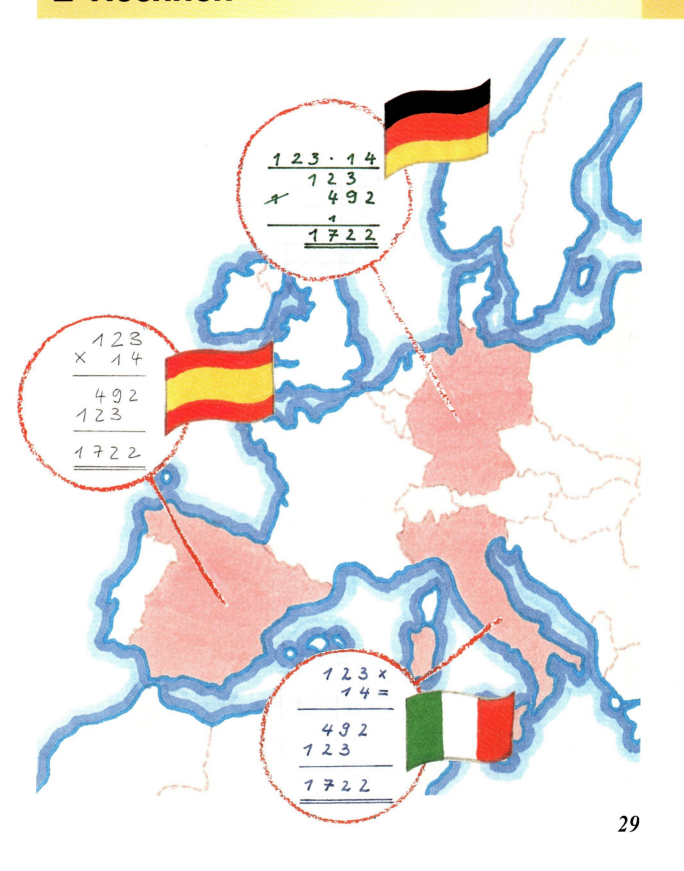

1 Kopfrechnen: Addition und Subtraktion

Katharina macht mit ihren Eltern eine Bootstour. Am ersten Tag fahren sie mit dem Boot von Trier nach Trittenheim. Das sind 31 km. Am zweiten Tag legen sie die Strecke nach Bernkastel zurück. Dieser Streckenabschnitt beträgt 27 km. Um die Gesamtlänge der Bootstour zu ermitteln rechnet sie:

$$31 \text{ km} + 27 \text{ km} = 58 \text{ km}.$$

Diese Rechenart nennt man **Addition**, das Rechenzeichen ist **+**.

Ob sie richtig gerechnet hat, kann sie mit der Probe überprüfen.

$$58 \text{ km} - 27 \text{ km} = 31 \text{ km}$$
oder $\quad 58 \text{ km} - 31 \text{ km} = 27 \text{ km}$

Die hier angewandte Rechenart nennt man **Subtraktion**, das Rechenzeichen ist **−**.

Addition

$$\underbrace{31 \quad + \quad 27}_{\substack{\text{Summand plus Summand} \\ \textbf{Summe}}} = \underbrace{58}_{\substack{\text{Wert der} \\ \textbf{Summe}}}$$

Subtraktion

$$\underbrace{58 \quad - \quad 27}_{\substack{\text{Minuend minus Subtrahend} \\ \textbf{Differenz}}} = \underbrace{31}_{\substack{\text{Wert der} \\ \textbf{Differenz}}}$$

Viele Additionsaufgaben und viele Subtraktionsaufgaben lassen sich besser im Kopf rechnen, wenn man geschickt vorgeht und z. B. die Zahlen passend zerlegt.

Beispiel 1:

a) $31 + 27$

$31 \xrightarrow{+27} 58 \qquad 31 \xrightarrow{+27} 58$
$\searrow_{+20} \nearrow_{+7} \quad\text{oder}\quad \searrow_{+7} \nearrow_{+20}$
$\quad 51 38$

b) $67 - 28$

$67 \xrightarrow{-28} 39 \qquad 67 \xrightarrow{-28} 39$
$\searrow_{-20} \nearrow_{-8} \quad\text{oder}\quad \searrow_{-8} \nearrow_{-20}$
$\quad 47 59$

Bei der Addition darf man die Summanden vertauschen (Kommutativgesetz).
$4 + 5 + 6$
$= 4 + 6 + 5$
$= 15$

Beispiel 2:

a) $32 + 51 + 18$

$32 \xrightarrow{+51} 83 \xrightarrow{+18} 101$
oder
$32 \xrightarrow{+18} 50 \xrightarrow{+51} 101$

b) $123 - 99$

$123 \xrightarrow{-99} 24$
$\searrow_{-100} \nearrow_{+1}$
$\quad 23$

30 Rechnen

1 Rechne in zwei Schritten.
a) 299 + 43
495 + 120
391 + 79
997 + 80
b) 101 − 45
202 − 58
612 − 63
907 − 77

2 Bestimme die fehlenden Zahlen.

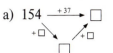

a) 154 →+37→ ☐
b) 67 →−54→ ☐ (−50)
c) 119 →+☐→ 150
d) 135 →−☐→ 92
e) 1692 →−☐→ 1540
f) 1483 →−1198→ ☐

3 Rechne im Kopf.
a) 17 + 2
51 + 9
27 + 8
b) 90 + 58
98 + 76
114 + 86
c) 38 + 12
56 + 23
74 + 15
d) 168 + 23
108 + 98
194 + 99

4
a) 27 − 5
34 − 8
28 − 11
b) 61 − 13
74 − 25 = 49
95 − 37 = 58
c) 87 − 78 = 9
154 − 60 = 94
149 − 52 = 97
d) 123 − 99 = 24
198 − 89 = 109
325 − 198 = 127

5 Rechne im Kopf.
a) 27 + 7 + 3 = 37
b) 18 + 44 + 26 = 88
c) 7 + 12 + 8 = 27
d) 55 + 11 + 15 = 81
e) 10 + 8 + 12 = 30
f) 63 + 9 + 21 = 93
g) 43 + 17 + 13 = 63
h) 74 + 47 + 16 = 137

6 Fasse geschickt zusammen und berechne im Kopf.
a) 374 + 118 + 26
b) 618 + 54 + 46
c) 4753 + 147 + 4911
d) 3456 + 246 + 1254
e) 3417 + 917 − 117
f) 2278 + 122 − 82
g) 123 + 4523 + 177
h) 4804 + 214 + 4786
i) 8346 + 1246 − 346
j) 6266 + 74 + 234

7 Übertrage die folgende Tabelle in dein Heft und fülle sie aus.

+	a) 15	b) 48	c) 117	d) 148	e) 203
8	23	56			
25	40	73			
56	71	104			
78	93	126			
120	135	168			
145	160	193			
340	355	388			
608	623	656			

8 Schreibe die jeweilige Aufgabe ins Heft und ersetze den Platzhalter durch die richtige Zahl.
a) 23 + ◇ = 29   6
71 + ◇ = 78   7
144 + ◇ = 150   6
b) 18 + ◇ = 24   6
63 + ◇ = 72   9
118 + ◇ = 129   11
c) 252 + ◇ = 260   8
313 + ◇ = 320   7
751 + ◇ = 760   9
d) 217 + ◇ = 223   6
437 + ◇ = 444   7
517 + ◇ = 529   12

9
a) 28 − ◇ = 7   21
34 − ◇ = 17   17
◇ + 17 = 33   16
66 − ◇ = 33   33
b) ◇ − 59 = 117   176
144 − ◇ = 77   67
229 − ◇ = 198   31
408 + ◇ = 500   92
c) 29 + ◇ = 148   119
◇ − 54 = 112   166
◇ + 78 = 122   44
275 − ◇ = 229   46
d) 678 + ◇ = 678   0
218 − ◇ = 50   168
777 − ◇ = 777   0
594 + ◇ = 903   309

Verbindungsgesetz (Assoziativgesetz)

Durch geschicktes Zusammenfassen der Summanden lassen sich Additionsaufgaben oft vereinfachen.

13 →+14→ ☐ →+6→ ☐   13 →+14+6→ ☐
= (13 + 14) + 6   oder   = 13 + (14 + 6)
=   27   + 6   vorteil-   = 13 +   20
=   33   hafter   =   33

Das Verbindungsgesetz gilt **nicht** für die Subtraktion.

45 − (23 − 13)   (45 − 23) − 13
= 45 −   10   =   22   − 13
=   35   =   9

10 Überprüfe die Rechnungen.
a) $52 - 17 = 25$ b) $34 + 19 = 53$
c) $97 + 11 = 118$ d) $62 - 55 = 13$
e) $133 - 67 = 76$ f) $140 - 69 = 71$
g) $117 - 19 = 98$ h) $94 + 54 = 148$

11 Fülle die folgenden Additionstürme aus.

12 Ergänze die „Zahlenmauer".

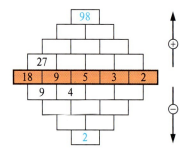

13 Ergänze folgende Grundsteine zu einer „Zahlenmauer" nach oben (+) und nach unten (−).

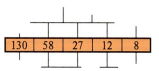

14 Übertrage das unten stehende Bild in dein Heft. Trage dann die Zahlen 1 bis 9 so ein, dass die Summe der vier Zahlen entlang jeder Seite des Dreiecks gleich ist. Die Zahlen 1 bis 9 dürfen dabei nur jeweils einmal vorkommen.

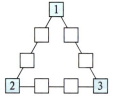

a) Eine Möglichkeit ist die Summe „17".
b) Es gibt noch weitere Möglichkeiten. Findest du sie?

15 In die folgende Tabelle haben sich 3 falsche Ergebnisse eingeschlichen. Suche die falschen Zahlen.
Zur Selbstkontrolle: Die Summe der falschen Ergebnisse beträgt 1000.

−	35	89	130	268
310	275	121	180	42
535	500	446	405	259
988	953	899	858	620

16 Der derzeit höchste Baum der Welt steht im Humboldt County (USA, Kalifornien) und hat eine Höhe von ca. 110 m. Der höchste Mammutbaum Europas steht in Bensheim-Auerbach (Hessen). Er ist ca. 53 m hoch. Vergleiche.

17 Firma Elster muss drei Kunden mit Heizöl beliefern. Kunde Adler braucht 8500 ℓ, Kunde Fink 7000 ℓ. Das Tankfahrzeug hat 20 000 ℓ geladen. Reicht der Rest noch für die Belieferung von Kunde Spatz, der 5000 ℓ Heizöl benötigt?

SPIELE

Partnerspiel mit zwei Würfeln

a) Legt zuerst eine Zielzahl (z.B. 120) fest. Würfelt dann abwechselnd und addiert die gewürfelten Augenzahlen jedes Spielers. Wer zuerst die Zielzahl genau erreicht oder ihr am nächsten ist, hat gewonnen.

b) Legt wieder eine Zielzahl fest. Würfelt wieder abwechselnd mit zwei Würfeln. Jeder Spieler hat aber jetzt nach jedem Wurf die Möglichkeit „seine Zahl" selbst festzulegen: Die Augenzahl des einen Würfels gibt die Zehner an, die Augenzahl des anderen Würfels zeigt die Einer. Die festgelegten Zahlen werden jeweils aufgeschrieben und addiert. Wer zuerst die Zielzahl (z.B. 480) erreicht oder ihr am nächsten ist, hat gewonnen.

18 Eine kalifornische Tausendfüßlerart hat 375 „Beinpaare". Trägt das Tier den Namen „Tausendfüßler" zu Recht? Begründe deine Antwort.

19 Anlässlich der 450. Wiederkehr des Todesjahres von Martin Luther, dem Begründer der evangelischen Kirche, feierte die Stadt Worms 1996 ein sogenanntes Lutherjahr. Rechne aus, in welchem Jahr der Reformator starb.

20 Ein Heißluftballon schwebt in 575 m Höhe über dem Meeresspiegel. Um den höchsten Berg der Pfalz, den Donnersberg (687 m), zu überqueren, steigt er weitere 670 m.
a) Wie hoch schwebt der Ballon?
b) Wie viel m schwebt der Ballon über dem Donnersberg?

21 Der Bereich Stuttgart wird mit Trinkwasser aus dem Bodensee versorgt. Bei Sipplingen wird das Wasser aus dem Bodensee (394 m ü. M.) zuerst auf den „Sipplinger Berg" gepumpt. Von dort fließt es durch eine über 100 km lange Leitung Richtung Stuttgart.

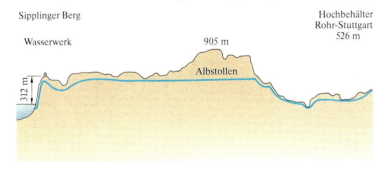

a) Wie hoch (über dem Meeresspiegel) liegt die Wasseraufbereitungsanlage auf dem „Sipplinger Berg"?
b) Das Trinkwasser fließt durch das natürliche Gefälle zum Stuttgarter Hochbehälter (526 m ü. M.). Wie viel Meter beträgt das Gefälle?
c) Das Trinkwasser fließt im Albstollen durch die Schwäbische Alb. Der Stolleneingang liegt in 651 m Höhe, der Stollenausgang in 642 m Höhe. Wie groß ist das Gefälle innerhalb des Stollens?

22 Man hat festgestellt, dass eine Person folgende (durchschnittliche) Wassermengen pro Tag „verbraucht":

Ernährung	3 ℓ
Waschen/Zähneputzen	8 ℓ
Baden/Duschen	42 ℓ
Toilettenspülung	45 ℓ
Geschirrspülen	8 ℓ
Wäschewaschen	17 ℓ
Putzen und Sonstiges	17 ℓ

a) Berechne den Gesamtwasserverbrauch einer Person pro Tag.
b) Bestimme mit Hilfe der Wasseruhr den Wasserverbrauch deiner Familie an drei verschiedenen Wochentagen (Montag, Donnerstag, Samstag).

23 Markus will mit seinen Eltern Kusel besuchen. Sie nutzen das schöne Wetter zu einer 300 km langen Fahrt durch Rheinland-Pfalz. Die erste Etappe geht von Koblenz über Bingen (65 km) und Mainz (30 km) nach Speyer (98 km). Dort wollen sie ausruhen. Wie viel km sind bis Kusel noch zu fahren?

24 Ein Citroën 2 CV („Ente") hat ein Leergewicht von 600 kg. Das höchstzulässige Gesamtgewicht (Leergewicht + Zuladung) beträgt 930 kg.
a) Wie groß ist das Zuladungsgewicht?
b) Vier junge Leute planen eine Ferienfahrt mit der „Ente". Sie geben ihr Körpergewicht wie folgt an:
    Rudi: 78 kg   Inge: 60 kg
    Beate: 55 kg   Sven: 72 kg
Wie viel kg Gepäck dürfen sie insgesamt mitnehmen?

25 Der Rhein hat eine Gesamtlänge von 1320 km; die Donau ist 2850 km lang. Vergleiche die Flusslängen.

26 Inge hängt 3 m über dem Boden einen Nistkasten an einen Baum. Nach einigen Jahren ist der Baum um 4 m gewachsen. In welcher Höhe hängt nun der Nistkasten? Begründe deine Antwort.

2 Kopfrechnen: Multiplikation und Division

Inka und Sven gehen mit ihrer Mutter zur Sommerrodelbahn. Für eine Fahrt mit dem Sessellift und der Rodelbahn muss die Familie 12 DM bezahlen. Im Laufe des Nachmittags fahren sie sechsmal mit der Bahn. Zu Hause rechnen die Kinder erstaunt aus, wie viel der Spaß gekostet hat. Sven addiert auf einem Zettel 12 DM + 12 DM + 12 DM + 12 DM + 12 DM + 12 DM und kommt zum Ergebnis 72 DM.

Inka rechnet kürzer $6 \cdot 12 \text{ DM} = 72 \text{ DM}$ und erklärt ihrem jüngeren Bruder:

„Das **Multiplizieren** ist eine verkürzte Form des Addierens gleicher Zahlen. Das Rechenzeichen ist ."
Die Rechenprobe führt zur Umkehraufgabe 72 DM : 6 = 12 DM.
Diese Rechenart heißt **Division**, das Rechenzeichen ist :.

Der Umkehroperator zum Operator $\xrightarrow{\cdot 6}$ ist der Operator $\xrightarrow{:6}$.

Multiplikation

$$6 \;\cdot\; 12 \text{ DM} \;=\; 72 \text{ DM}$$

Faktor mal Faktor — Wert des
Produkt — **Produkts**

Division

$$72 \text{ DM} \;:\; 6 \;=\; 12 \text{ DM}$$

Dividend durch Divisor — Wert des
Quotient — **Quotienten**

oder $\qquad 12 \text{ DM} \;\underset{:6}{\overset{\cdot 6}{\rightleftarrows}}\; 72 \text{ DM}$

Durch geschicktes Zerlegen oder Vertauschen von Faktoren kann man Multiplikationen oft im Kopf rechnen.

Beispiel 1:

a) $16 \cdot 7 = \underline{10 \cdot 7} + \underline{6 \cdot 7}$
$ = \;\;70\;\; + \;\;42$
$ = \;\;\;\;\;\;\;\;\mathbf{112}$

b) $98 \cdot 3 = \underline{100 \cdot 3} - \underline{2 \cdot 3}$
$ = \;\;300\;\; - \;\;6$
$ = \;\;\;\;\;\;\;\;\mathbf{294}$

Bei der Multiplikation darf man die Faktoren vertauschen (Kommutativgesetz).
$3 \cdot 5 \cdot 6$
$= 5 \cdot 6 \cdot 3$
$= 90$

Beispiel 2: $4 \cdot 9 \cdot 25$

1. Möglichkeit
$4 \xrightarrow{\cdot 9} 36 \xrightarrow{\cdot 25} 900$

3. Möglichkeit
$9 \xrightarrow{\cdot 25} 225 \xrightarrow{\cdot 4} 900$

2. Möglichkeit (vorteilhafter)
$4 \xrightarrow{\cdot 25} 100 \xrightarrow{\cdot 9} 900$

4. Möglichkeit (vorteilhafter)
$25 \xrightarrow{\cdot 4} 100 \xrightarrow{\cdot 9} 900$

> **info**
>
> Für das Kopfrechnen, aber auch für die schriftlichen Rechenverfahren ist es wichtig, dass man die wichtigsten Einmaleinsreihen (z. B. 2er-, 3er-, ..., 12er-Reihe) auswendig kann. Die Einmaleinsreihen von größeren Zahlen (z. B. 15er-Reihe) kann man sich in folgenden Schritten aufbauen.
>
> | 1. Schritt | | 2. Schritt | | 3. Schritt | |
> |---|---|---|---|---|---|
> | 1 | 15 | 1 | 15 | 1 | 15 |
> | 2 | | 2 | 30 ·2 | 2 | 30 +15 |
> | 3 | ·10 | 3 | | 3 | 45 |
> | 4 | | 4 | | 4 | 60 −15 |
> | 5 | 75 | 5 | 75 | 5 | 75 |
> | 6 | | 6 | | 6 | 90 +15 |
> | 7 | :2 | 7 | | 7 | 105 +15 |
> | 8 | | 8 | | 8 | 120 −15 |
> | 9 | | 9 | 135 −15 | 9 | 135 |
> | 10 | 150 | 10 | 150 | 10 | 150 |

1 Erstelle jeweils eine Tabelle bis zum Zehnfachen der Zahlen.
a) 13 b) 14 c) 16 d) 17 e) 18 f) 19

2 Schreibe als Produkt und berechne.
$3 + 3 + 3 + 3 = 4 \cdot 3 = 12$
a) $8 + 8 + 8$ b) $6 + 6 + 6 + 6 + 6 + 6$
c) $10 + 10 + 10 + 10$ d) $1 + 1 + 1 + 1$
e) $0 + 0 + 0 + 0 + 0 + 0$ f) $12 + 12$

3 Rechne im Kopf. Nutze bei Bedarf den Umkehroperator.

a) 12 $\xrightarrow{:2}$ □
13 $\xrightarrow{:3}$ □
16 $\xrightarrow{:4}$ □
30 $\xrightarrow{:5}$ □

b) □ $\xrightleftharpoons[:5]{\cdot 5}$ 55
□ $\xrightarrow{\cdot 9}$ 36
□ $\xrightleftharpoons[\cdot 11]{:11}$ 7
□ $\xrightarrow{:13}$ 8

c) 21 $\xrightarrow{:10}$ □ $\xrightarrow{\cdot 2}$ □
11 $\xrightarrow{\cdot 3}$ □ $\xrightarrow{\cdot 5}$ □
14 $\xrightarrow{\cdot 2}$ □ $\xrightarrow{\cdot 10}$ □

d) □ $\xrightarrow{\cdot 1}$ 17 $\xrightarrow{\cdot 5}$ □
□ $\xrightleftharpoons[]{\cdot 2}$ □ $\xrightleftharpoons[]{\cdot 4}$ 64
15 $\xrightarrow{□}$ 45 $\xrightarrow{□}$ 450

4 Bestimme die fehlenden Zahlen.

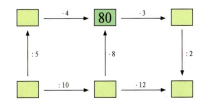

5 Rechne im Kopf. Wenn notwendig, schreibe mit Rest.
$15 : 4 = 3$ Rest 3
a) $42 : 1$ b) $65 : 15$ c) $106 : 5$
$36 : 9$ $39 : 13$ $99 : 9$
$56 : 8$ $42 : 14$ $121 : 11$

6 Multipliziere und gib jeweils die erste Zahl an, die größer als 100 (200; 300; 400) ist.
a) $3 \xrightarrow{\cdot 3} 9 \xrightarrow{\cdot 3} 27 \xrightarrow{\cdot 3} \ldots$
b) $5 \xrightarrow{\cdot 5} \ldots \xrightarrow{\cdot 5} \ldots$
c) $7 \xrightarrow{\cdot 6} \ldots \xrightarrow{\cdot 6} \ldots$

7 Rechne vorteilhaft. Multipliziere dabei zuerst die beiden Zahlen, deren Produkt eine Stufenzahl ergibt.
$3 \cdot 2 \cdot 5 \cdot 4 = 3 \cdot 10 \cdot 4 = 120$
a) $4 \cdot 2 \cdot 5$ b) $7 \cdot 2 \cdot 3 \cdot 5$
$5 \cdot 2 \cdot 7$ $6 \cdot 5 \cdot 6 \cdot 2$
$17 \cdot 20 \cdot 5$ $5 \cdot 3 \cdot 4 \cdot 20$

8 Rechne vorteilhaft durch geeignetes Zerlegen.
a) $7 \cdot 16$ b) $3 \cdot 23$ c) $4 \cdot 36$
$8 \cdot 19$ $6 \cdot 26$ $8 \cdot 99$
$7 \cdot 25$ $5 \cdot 49$ $9 \cdot 199$

5mal 7 ist besser als 2mal 7

Probleme mit der „0" oder null Probleme?

Die fünfte Klasse hat einen Test zum Kopfrechnen geschrieben. Enttäuscht betrachtet Carlo die korrigierte Arbeit: „Ich habe ja die meisten Aufgaben falsch gelöst."
Betrachte die von Carlo gelösten Aufgaben genauer. Viele Schüler und Erwachsene rechnen beim Multiplizieren und Dividieren nur deshalb falsch, weil sie beim Rechnen mit der „0" Fehler machen. Betrachte deshalb die folgenden Beispiele besonders:

Addition, Subtraktion
$4 + 0 = 4 \qquad 4 - 0 = 4$
$0 + 4 = 4$

Multiplikation
$4 \cdot 0 = 0$
$0 \cdot 4 = 0$

Division
$0 : 4 = 0$, denn $0 \cdot 4 = 0$.
$4 : 0$ ist nicht lösbar, denn es gibt keine Zahl, die mit 0 multipliziert 4 ergibt.

9 Für welche der folgenden Aufgaben gibt es keine Lösung?
a) $0 + 15$ b) $0 : 12$ c) $18 : 1$
d) $53 : 0$ e) $87 - 0$ f) $0 : 1$
g) $47 : 4$ h) $0 + 87$ i) $1 : 0$

10 Berechne jeweils im Kopf den Platzhalter.
a) $\diamond \cdot 13 = 91$ b) $12 \cdot \diamond = 108$
   $7 \cdot \diamond = 105$ $\diamond \cdot 19 = 380$
   $12 \cdot \diamond = 144$ $7 \cdot \diamond = 147$
   $8 \cdot \diamond = 96$ $5 \cdot \diamond = 650$
   $\diamond \cdot 14 = 126$ $8 \cdot \diamond = 240$
c) $25 : 5 = \diamond$ d) $132 : 12 = \diamond$
   $36 : \diamond = 6$ $121 : \diamond = 11$
   $\diamond : 9 = 8$ $\diamond : 15 = 15$
   $56 : 8 = \diamond$ $117 : 13 = \diamond$
   $108 : \diamond = 9$ $324 : \diamond = 18$

11 Übertrage die Multiplikationstabelle in dein Heft und fülle sie aus.

·	a) 2	b) 5	c) 7	d) 8	e) 12	f) 15	g) 20
3	6						
0							
6							
7							
11							
12							
15							

12 Rechne auch hier im Kopf und schreibe wie im Beispiel angegeben.
$19 : 6 = 3$ Rest 1
a) $69 : 8$ b) $87 : 9$ c) $110 : 12$
   $73 : 9$ $98 : 6$ $120 : 13$
   $58 : 7$ $81 : 7$ $130 : 14$
d) $140 : 15$ e) $185 : 18$ f) $401 : 30$
   $175 : 12$ $200 : 19$ $500 : 40$
   $180 : 17$ $310 : 25$ $815 : 60$

13 Berechne das Produkt der Zahlen 7 und 13 (8 und 14; 9 und 18).

14 Berechne den Quotienten der Zahlen 96 und 12 (168 und 14).

15 Multipliziert man 16 mit einer anderen Zahl, so erhält man 112. Wie heißt die gesuchte Zahl?

16 Begründe, weshalb die Aufgabe $234 : 0$ nicht lösbar ist.

17 Wie groß kann der Rest bei einer Division durch
a) 5   b) 6   c) 15   d) 28
höchstens sein?
Gib jeweils ein Beispiel dazu an.

18 Durch welche Zahl kann man jede Zahl dividieren, so dass das Ergebnis gleich der 1. Zahl ist?

19 Multipliziert man eine Zahl mit sich selbst, so nennt man die neu entstandene Zahl eine „Quadratzahl".

Multipliziert man eine Zahl mit sich selbst, so erhält man ihre Quadratzahl.

Zahl	Rechnung	Quadratzahl
2	2 · 2	4
3	3 · 3	9
4	4 · 4	.
5	.	.
.	.	.
.	.	.

Übertrage die Tabelle in dein Heft und ergänze sie bis zur Quadratzahl der Zahl 20.

20 Welche Zahl muss man mit sich selbst multiplizieren um 100 (400; 900) zu erhalten?

21 Welche Zahl ist größer: das 12fache von 13 oder die Differenz der Zahlen 369 und 249?

22 Thomas denkt sich eine Zahl. Dividiert er sie durch 13, so erhält er 13. Welche Zahl denkt sich Thomas?

23 Robins Mutter wohnt in Bitburg und arbeitet im 33 km entfernten Trier in der Touristikinformation.
a) Wie viele Kilometer fährt sie täglich zur Arbeit und zurück?
b) Wie viele Kilometer fährt sie in einer Arbeitswoche mit fünf Arbeitstagen?
c) Wie viele Kilometer kann Robins Mutter in einem Monat mit 20 Arbeitstagen einsparen, wenn sie sich in einer Fahrgemeinschaft mit einer Arbeitskollegin abwechselt?

24 In Neustadt an der Weinstraße gab es im Monat Februar eine durchschnittliche Niederschlagsmenge von 33 mm pro m². Im gleichen Monat wurde in Kastellaun (Hunsrück) eine fünfmal so große Niederschlagsmenge gemessen.
Wie viel mm Regen ging in Kastellaun pro m² nieder?

25 a) Lucia bekommt im Monat 12 DM Taschengeld. Wie viel bezahlen ihre Eltern in einem Jahr?
b) Ab dem 15. Geburtstag bezahlen die Eltern 180 DM im Jahr. Wie viel bekommt Lucia dann monatlich?

26 Der Bodensee ist etwa viermal so lang wie breit. An der breitesten Stelle ist die Entfernung von Ufer zu Ufer etwa 15 km.
Welche Länge hat der Bodensee?

27 Der „Fuß" ist ein altes Längenmaß. Drei „Fuß" ergeben etwa einen Meter.
a) Wie lang ist die 50-m-Bahn (75-m-Bahn; 100-m-Bahn) in „Fuß" gemessen?
b) Wie viel „Fuß" müssen die 400-m-Läufer (800-m-Läufer; 1500-m-Läufer) in einem Rennen zurücklegen?

28 Ein Meisenpaar vertilgt mit seinen Nachkommen in einem Jahr ungefähr 75 kg Insekten.
Wie viele Meisenfamilien vertilgen zusammen 600 kg Insekten? (Zum Vergleich: Ein Pferd wiegt ungefähr 600 kg.)

29 Auf einer Seeoberfläche hat sich eine Algenart ausgebreitet. Sie vermehrt sich derart, dass sie sich täglich verdoppelt. Am 3. Juli bedeckt sie den See schon halb. Wann wird der ganze See bedeckt sein?

3 Kopfrechnen: Vorteilhaftes Rechnen mit Stufenzahlen

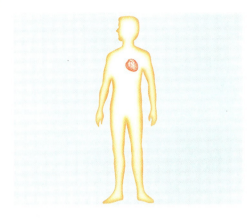

Das Herz pumpt regelmäßig das Blut durch den Körper bis in die kleinste Körperzelle – und das ein ganzes Leben lang. Ohne körperliche Anstrengung schlägt das menschliche Herz dabei jede Minute etwa 70-mal. Das sind pro Tag rund 100 000 Herzschläge.
Vanessa ist in der 5. Klasse und will wissen, wie oft ihr Herz bis zum 10. Geburtstag etwa geschlagen hat.
Sie rechnet trotz der großen Zahlen im Kopf.

Herzschläge in 1 Jahr: $365 \cdot 100\,000 = 36\,500\,000$
Herzschläge in 10 Jahren: $10 \cdot 36\,500\,000 = \mathbf{365\,000\,000}$
In 10 Jahren hat ihr Herz also ungefähr 365 Millionen Mal geschlagen.

> Im Zehnersystem werden die Zahlen 1, 10, 100, 1000, ..., **Stufenzahlen** genannt.
>
> Mit Stufenzahlen und ihren Vielfachen (Zehner-, Hunderter-, Tausenderzahlen, ...) lässt sich auch im Bereich großer Zahlen leicht rechnen.
>
> Eine besondere Bedeutung haben dabei die Nullen.

Beispiel 1:

a) $2 + 3 = 5$
    $20 + 30 = 50$
    $200 + 300 = 500$

b) $40 + 50 = 90$
    $600 + 200 = 800$
    $3\,000 + 12\,000 = 15\,000$

Beispiel 2:

a) $9 - 6 = 3$
    $90 - 60 = 30$
    $900 - 600 = 300$

b) $90 - 70 = 20$
    $700 - 400 = 300$
    $13\,000 - 4\,000 = 9\,000$

Beispiel 3:

a) $3 \cdot 4 = 12$
    $30 \cdot 40 = 1\,200$
    $300 \cdot 400 = 120\,000$

b) $30 \cdot 20 = 600$
    $300 \cdot 40 = 12\,000$
    $6\,000 \cdot 300 = 1\,800\,000$

Beispiel 4:

a) $8 : 2 = 4$
    $80 : 20 = 4$
    $800 : 200 = 4$

b) $900 : 30 = 30$
    $8\,000 : 400 = 20$
    $12\,000 : 6 = 2\,000$

Rechnen

1
a) 40 + 30
90 + 50
130 + 70
210 + 130
420 + 280
b) 400 + 200
300 + 600
800 + 500
730 + 170
890 + 710
c) 5000 + 4000
8000 + 9000
17 000 + 8000
62 000 + 23 000
89 000 + 29 000
d) 3500 + 1500
4200 + 800
12 600 + 7400
23 700 + 3300
82 100 + 17 900

2
a) 80 000 → +8, +80, +800, +8000
b) 100 000 → −1, −10, −100, −1000, −10 000

3 Rechne im Kopf.
a) 60 − 40
90 − 70
120 − 50
1400 − 700
b) 6000 − 4000
9000 − 6000
13 000 − 5000
60 000 − 40 000
c) 50 000 − 30 000
70 000 − 40 000
90 000 − 60 000
150 000 − 80 000
d) 900 000 − 40 000
31 000 − 1800
450 000 − 26 000
98 000 − 490

Denke daran: Im Kopf rechnen!

4
a) 20 + 30 + 40 + 70 = 160
b) 100 + 500 + 300 + 400 = 1300
c) 4000 + 18 000 + 3000 + 7000 = 32 000
d) 12 000 + 25 000 + 800 + 98 000 = 135 800
e) 14 700 + 5300 + 270 000 + 30 000 = 320 000
f) 90 − 60 − 20 − 10 = 0
g) 800 − 300 − 200 − 100 = 200
h) 17 000 − 9000 − 3000 − 4000 = 1000
i) 68 000 − 23 000 − 26 000 − 9000 = 10 000
j) 365 000 − 75 000 − 190 000 = 100 000

5
a) 270 − 60 + 30 − 5 + 1 236
b) 2000 + 700 + 400 − 80 3020
c) 14 000 + 60 000 − 13 000 − 5100 55 900
d) 148 000 + 250 000 − 102 000 + 908   296 908
e) 113 000 + 447 000 − 250 000 + 11 900   321 900
f) 101 101 + 23 000 − 37 001 + 1500   88 600
g) 222 200 + 7800 − 100 000 − 130 000   0

6 Verwende bei deinen Ergebnissen auch die verkürzte Schreibweise. Denke daran: Mio. = Million; Mrd. = Milliarde.
a) 6 Mio. + 23 Mio.
b) 98 Mio. + 22 Mio.
c) 160 Mio. − 98 Mio.
d) 243 Mio. + 767 Mio.
e) 27 Mrd. − 13 Mrd.
f) 68 Mrd. + 25 Mrd.
g) 121 Mrd. − 32 Mrd.
h) 205 Mrd. + 613 Mrd.
i) 988 Mrd. + 12 Mrd.

7
a) 8, 13, 47, 98 · 10
b) 500, 2200, 5300, 8700 : 100

8 Berechne folgende Produkte.
$70 \cdot 4 = 7 \cdot 4 \cdot 10 = 28 \cdot 10 = 280$
a) 60 · 3
40 · 9
60 · 7
90 · 8
80 · 6
b) 110 · 3
120 · 7
260 · 2
310 · 3
420 · 4
c) 450 · 2
330 · 3
410 · 5
550 · 6
730 · 4

9 Rechne wie im Beispiel.
$80 \cdot 70 = 8 \cdot 7 \cdot 10 \cdot 10 = 56 \cdot 100 = 5600$
oder kurz: $80 \cdot 70 = 5600$
a) 20 · 30
40 · 40
50 · 60
70 · 90
b) 12 · 30
14 · 20
15 · 40
25 · 30
c) 110 · 40
150 · 60
240 · 20
200 · 50
d) 140 · 200
210 · 300
500 · 600
2500 · 200
e) 110 · 4000
220 · 2000
450 · 1000
500 · 8000
f) 400 · 2000
700 · 4000
800 · 5000
900 · 9000

10 Rechne möglichst geschickt.
a) 60 · 30 · 20
11 · 20 · 40
25 · 40 · 30
b) 15 000 · 200 · 30
6000 · 20 · 300
1000 · 2000 · 0
c) 75 · 200 · 3
900 · 30 · 200
125 · 300 · 80
d) 12 000 · 30 · 50
79 000 · 0 · 700
4500 · 70 · 200

11
a) 48 : 2
480 : 2
480 : 20
4 800 : 200
48 000 : 2 000

b) 91 : 7
910 : 7
910 : 70
9 100 : 700
91 000 : 7 000

Hinweis: Beachte hier die besondere Bedeutung der Nullen.

c) 960 000 : 8
960 000 : 80
960 000 : 800
960 000 : 8 000
960 000 : 80 000

d) 680 000 : 17
680 000 : 170
680 000 : 1 700
680 000 : 17 000
680 000 : 170 000

12 Wende die in den folgenden Beispielen gezeigten Rechenvorteile an.
64 000 : 8000 = 64 T : 8 T = 64 : 8 = 8
77 000 : 700 = 770 H : 7 H = 770 : 7 = 110

a) 5600 : 80
39 000 : 130
9100 : 70
78 000 : 600
99 000 : 110

b) 5200 : 40
10 400 : 80
95 000 : 190
105 000 : 700
125 000 : 50

c) 36 000 : 6000
48 000 : 400
52 000 : 20
57 000 : 300
84 000 : 700

d) 14 400 : 1200
5100 : 170
225 000 : 25 000
840 000 : 40
720 000 : 3600

13 Bestimme jeweils den Platzhalter.
a) 12 · ◇ = 360
◇ · 48 = 480
5 · ◇ = 800
11 · ◇ = 1210
◇ · 27 = 5400

b) 36 · ◇ = 720
51 · ◇ = 1530
◇ · 150 = 4500
◇ · 200 = 10 000
34 · ◇ = 10 200

c) 24 · 200 = ◇
661 · ◇ = 1322
◇ · 30 = 990
70 · 500 = ◇
◇ · 125 = 2000

d) 300 · ◇ = 18 000
◇ · 90 = 27 000
450 · ◇ = 90 000
750 · 200 = ◇
◇ · 350 = 98 000

14 Übertrage die folgenden Tabellen in dein Heft und fülle sie aus.

a)
·	40	60		100
		540		
	120		240	
140			700	
		300		
8				

b)
·	2		5	
		320		280
50			150	
		160		
	120			420
				270

15 Ein kleiner Vogel hat einen Herzschlag von 800 Schlägen pro Minute. Wie oft schlägt sein Herz in 1 Stunde?

16 Du atmest (ohne körperliche Anstrengung) pro Minute etwa 15-mal.
a) Wie oft atmest du pro Stunde?
b) Wie oft atmest du pro Tag?

17 Das Herz eines Erwachsenen pumpt in jeder Minute etwa 6 ℓ Blut durch den Körper.
Wie viel Liter sind das pro Stunde?

18 Familie Becker muss für ihre Wohnung 800 DM Miete pro Monat bezahlen.
a) Wie hoch ist die Jahresmiete?
b) Wie viel Miete zahlen sie im Laufe von 10 Jahren (ohne Mieterhöhung)?

19 Die Arbeiterinnen eines Bienenvolkes fliegen etwa 2 Millionen Blütenkelche an um 500 g Honig zu erzeugen. Wie viele Blütenkelche fliegen sie für 2 kg Honig (= 2000 g) an?

20 Das menschliche Herz erreicht eine Pumpleistung von etwa 240 000 ℓ in 4 Wochen.
Wie vielen Tanklastwagenfüllungen würde dies entsprechen, wenn ein Tankwagen 30 000 ℓ fasst?

21 Für 100 französische Francs (ffr) muss man auf der Bank etwa 30 DM bezahlen.
a) Wie viel DM kosten 2000 ffr?
b) Wie viel ffrs erhält man für 180 DM?

22 Ein 30 m langer Baumstamm wird in 3 m lange Stücke zersägt. Wie viele Sägeschnitte sind notwendig?

4 Kopfrechnen: Überschlagsrechnung

Tropfsteinhöhlen entstehen in Kalksteingebirgen, wo versickerndes Regenwasser den Kalk löst. Herabtropfendes Kalkwasser setzt in Höhlen den Kalk wieder so ab, dass sich hängende Tropfsteine (Stalaktiten) und stehende Tropfsteine (Stalagmiten) bilden.
Geologen (Gesteinskundler) gehen davon aus, dass solche Tropfsteine in 100 Jahren etwa 1 cm „wachsen".
Allerdings können sich die Tropfsteine — je nach den örtlichen Verhältnissen — auch schneller oder langsamer bilden.

Das Alter eines Tropfsteins, der z. B. 20 cm lang ist, kann man daher nur ungefähr ausrechnen.

Für 1 cm Wachstum braucht der Tropfstein (etwa) 100 Jahre.
Für 20 cm Wachstum braucht der Tropfstein 20 · 100 Jahre = **2000 Jahre**.

Der kleine Tropfstein mit 20 cm Länge ist also „rund" 2000 Jahre alt.

Bei vielen Aufgaben des Alltags kommt es nicht so sehr auf das genaue Ergebnis an; es reicht oft, eine Rechnung mit „runden" (gerundeten) Zahlen durchzuführen.

> Eine Rechnung mit „runden" Zahlen heißt **Überschlagsrechnung**.
>
> Man rundet dabei immer so, dass man leicht im Kopf rechnen kann.

Die Überschlagsrechnung ist besonders wichtig zum schnellen Kontrollieren schriftlich gerechneter Aufgaben.

Denke daran: Das Zeichen ≈ bedeutet ungefähr (rund).

	Beispiel 1:	**Beispiel 2:**
Aufgabe:	423 + 719 + 878	1289 − 479
Überschlagsrechnung:	400 + 700 + 900 = **2000**	1300 − 500 = **800**
also:	423 + 719 + 878 ≈ **2000**	1289 − 479 ≈ **800**

	Beispiel 3:	**Beispiel 4:**
Aufgabe:	1173 · 865	9287 : 89
Überschlagsrechnung:	1000 · 900 = **900 000**	9000 : 90 = **100**
also:	1173 · 865 ≈ **900 000**	9287 : 89 ≈ **100**

Beim Dividieren wird zuerst der Divisor (2. Zahl) gerundet. Den Dividend (1. Zahl) rundet man dann so, dass die Überschlagsrechnung aufgeht.

rund
rund
≈

1 Runde folgende Zahlen auf Zehner (Hunderter):
54 ≈ 50 (54 ≈ 100)

a) 53   b) 66   c) 75   d) 84
99   119   149   150
173   213   381   499
571   666   789   999

2 Runde die Zahlen auf Tausender (Zehntausender).

a) 6449   b) 8917   c) 9007
12 817   21 033   15 009
33 650   51 987   83 445

3 Führe jeweils eine Überschlagsrechnung durch. Runde dabei sinnvoll. Verwende folgende Schreibweise:
477 + 912 ≈ 1400

a) 173 + 96   b) 117 + 89
   153 + 89   175 + 142
   289 + 124   293 + 176
c) 349 + 412   d) 445 + 612
   519 + 873   1287 + 314
   2890 + 1266   4817 + 3911

4 Überschlage. Verwende dabei die Schreibweise wie in Aufgabe 3.

a) 419 − 78   b) 553 − 98
c) 624 − 112   d) 655 − 284
e) 1777 − 642   f) 2389 − 2081
g) 13 459 − 7912   h) 23 937 − 18 073
i) 79 567 − 37 812 j) 561 781 − 17 889

5 Eine weitere Möglichkeit der Überschlagsrechnung bei der schriftlichen Addition, Subtraktion ist das Abdecken von Ziffern. Dabei deckt man so viele Stellen ab, dass man die noch sichtbare Aufgabe leicht im Kopf rechnen kann. Führe die Überschlagsrechnung in dieser Art durch und notiere die Ergebnisse.

```
  74 621
+ 60 275
+  1 012
+ 13 950
≈ 140 000
```

a)   76 729   b)   86 730   c) 239 623
   + 1 764   + 1 913   + 45 101
   + 12 891   + 10 712   + 820 417
   +   360   +   419   +   9 704

d)   9 109   e) 56 612   f) 246 871
   − 2 361   − 8 193   − 78 905
   − 1 551   − 9 512   − 144 181

6 Führe jeweils eine Überschlagsrechnung durch.
Aufgabe: 2248 · 36
Überschlag: 2000 · 40 = 80 000

a) 365 · 77   b) 922 · 59
c) 818 · 188   d) 540 · 385
e) 1038 · 892   f) 119 · 1219
g) 1856 · 419   h) 1884 · 9229
i) 8972 · 572   j) 7764 · 4180

7 Die Überschlagsrechnung bei der **Multiplikation** wird oft dadurch genauer, dass man „gegensinnig" rundet. Dabei rundet man − im Gegensatz zu den bekannten Rundungsregeln − eine Zahl nach oben, die andere nach unten.
Aufgabe: 554 · 567
Überschlag: 600 · 500 = 300 000

a) 412 · 489   b) 440 · 430
c) 657 · 463   d) 770 · 250
e) 1400 · 2300   f) 3512 · 2505
g) 4444 · 3333   h) 6489 · 7312

8 Überschlage. Wende dabei die Rundungsregeln an.
Aufgabe: 238 : 58
Überschlag: 240 : 60 = 4

a) 354 : 68   b) 422 : 67
c) 556 : 72   d) 544 : 58
e) 1188 : 396   f) 1546 : 276
g) 2350 : 64   h) 2690 : 28
i) 14 480 : 673   j) 26 517 : 94
k) 56 319 : 82   l) 63 501 : 75

9 Führe die Überschlagsrechnung durch. Runde bei der Division **immer** so, dass die Rechnung aufgeht.
Aufgabe: 2489 : 77
Überschlag: 2400 : 80 = 30
             ~~2500 : 80~~

a) 428 : 17   b) 605 : 64
c) 512 : 71   d) 731 : 84
e) 3412 : 27   f) 2002 : 31
g) 3601 : 66   h) 8788 : 89

10 Rechne wie in Aufgabe 9.
a) 7252 : 98   b) 24 078 : 25
c) 30 555 : 65   d) 33 129 : 81
e) 55 555 : 68   f) 189 615 : 508
g) 27 101 : 4312   h) 682 400 : 8113

11 Wie heißt jeweils das Ergebnis der Überschlagsrechnung?
a) 259 + 317 − 460   b) 873 − 612 + 489
c) 148 · 279 · 11   d) 6612 : 789
e) 218 312 + 429 613 − 148 199

12 Überprüfe mit Hilfe von Überschlagsrechnungen, welche der folgenden Aufgaben falsch gerechnet wurden.
a) 517 + 6890 + 719 = 8126 (F)
b) 7509 − 1485 + 2217 = 2841 (P)
c) 205 · 16 = 328 (R)
d) 333 · 333 = 999 (I)
e) 8664 : 8 = 1083 (E)
f) 4761 : 9 = 529 (R)
g) 518 · 2 · 7 : 14 = 518 (I)
h) 12 336 : 12 = 128 (M)
i) 45 676 : 601 = 76 (E)
j) 4708 · 54 = 254 232 (N)
k) 78 644 − 15 808 − 21 678 − 1158 (A)

Die falschen Lösungen ergeben ein Lösungswort, die richtigen ebenfalls.

?

13 Vergleiche mit Hilfe einer Überschlagsrechnung. Verwende das <- oder >-Zeichen wie im Beispiel.
565 · 7 < 5000
a) 468 : 50 ☐ 10
b) 1235 · 12 ☐ 10 000
c) 4976 : 311 ☐ 20
d) 8888 · 123 ☐ 800 000
e) 25 324 : 487 ☐ 60
f) 50 005 · 76 ☐ 5 Mio.
g) 99 999 : 999 ☐ 110

Löse die Aufgaben 14 bis 18 nur durch Überschlagsrechnungen.

14

Anja hat ihr Sparschwein geleert um eine Fußballausrüstung zu kaufen. Vor dem Schaufenster überschlägt sie, ob ihr die 200 DM reichen, die sie hat. Was meinst du dazu?

15 Die Klasse 5 (22 Kinder) macht ihren Jahresausflug. Die Bahnfahrt kostet für jedes Kind 16 DM. Reichen die 300 DM, die in der Klassenkasse sind?

16

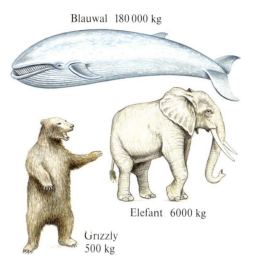

Blauwal 180 000 kg
Elefant 6000 kg
Grizzly 500 kg

a) Wie viele Elefanten wiegen etwa so viel wie ein Blauwal?
b) Wie viele Grizzly-Bären ergeben das Gewicht eines Elefanten (Blauwals)?

17 Alis Vater ist Fernfahrer und fährt jede Woche 3-mal von Kaiserslautern nach Paris (450 km) und zurück. Ali behauptet: „Mein Vater fährt mit seinem Lkw in 4 Wochen mehr als 10 000 km."

18 Mit 1 Liter Kraftstoff fährt ein Auto 12 km. Der Tank des Autos fasst 65 ℓ. Reicht eine Tankfüllung für eine Reise von 1000 km?

19 Schätze zuerst, überprüfe dann mit einer Überschlagsrechnung.
a) Geht ein Mensch, der 1000 Tage alt ist, schon zur Schule?
b) Ist ein Mensch, der 1000 Wochen alt ist, älter oder jünger als 30 Jahre?
c) Kann ein Mensch 1 Million Tage alt werden?
d) Das Licht legt in 1 Sekunde rund 300 000 km zurück. Wie lange braucht das Licht für eine Strecke von 150 Mio. km (Entfernung der Erde von der Sonne)?

Rechnen

5 Schriftliche Addition

Aufgaben mit großen Zahlen sind für das Kopfrechnen oft zu schwierig. Deshalb hat man sich schon sehr früh in der Menschheitsgeschichte Hilfsmittel erdacht.

So rechneten die Römer schon mit Hilfe des „Abakus" (Rechenbrett, das auch den Babyloniern vor über 5000 Jahren als Rechenhilfe diente).

Der nebenstehende Stich zeigt zwei Mathematiker, die aber nicht zur gleichen Zeit lebten. Links rechnet Boethius (500 n. Chr.) mit geschriebenen Zahlen und rechts Pythagoras (500 v. Chr.) mit einem Rechenbrett. Der mürrische Gesichtsausdruck des Pythagoras zeigt, dass ihm Boethius mit den geschriebenen Zahlen überlegen ist.

Noch heute verwenden wir bei schwierigen Rechnungen die schriftlichen Rechenverfahren.

Wir beschäftigen uns im Folgenden zuerst mit der **schriftlichen Addition**.

---

1. Überschlagsrechnung
2. Schreibe stellenrichtig untereinander: Einer unter Einer, Zehner unter Zehner, ...
3. Addiere stellenweise, beginne bei der Einerspalte. Achte auf den Übertrag.
4. Vergleiche das Ergebnis mit der Überschlagsrechnung.

Aufgabe: 3094 + 6535
Überschlag: 3100 + 6500 = 9600
Rechnung:

	3	0	9	4	1. Summand
+	6	5	3	5	2. Summand
			1		Übertrag
	9	6	2	9	Ergebnis

Beispiel 1:

Aufgabe: 12 501 + 40 357 + 21 131
Überschlag: 10 000 + 40 000 + 20 000
       = **70 000**

Rechnung: 12 501   ↑ Rechenrichtung
           + 40 357
           + 21 131   ↓ Probe
           ─────────
             73 989

Beispiel 2:

23 489 + 39 781 + 26 653
23 000 + 40 000 + 27 000 = **90 000**

        23 489   ↑ Rechenrichtung
      + 39 781
      + 26 653   ↓ Probe
         1 1 2 1
      ─────────
        89 923

Hinweis: Addiere spaltenweise von unten nach oben. Rechne bei der Probe von oben nach unten.

NOBODY IS PERFECT

Bei schriftlichen Additionen treten auch Fehler auf, die mit dem Rechnen nichts zu tun haben. Im Folgenden werden zwei Fehlertypen aufgezeigt.

Fehler 1: Man schreibt die Summanden nicht stellenrichtig untereinander.

Fehler 2: Man vergisst die Übertragsziffern.

Tipp 1: Verwende Karopapier, schreibe jede Ziffer in ein eigenes Kästchen. Schreibe stellenrichtig untereinander.

Tipp 2: Lass oberhalb des Summenstrichs immer eine Kästchenreihe frei. Notiere die Übertragsziffern in die freien Kästchen.

1 Addiere schriftlich.

a) 43 + 454
b) 377 + 512
c) 718 + 271
d) 318 + 254
e) 624 + 93
f) 814 + 375
g) 377 + 245
h) 665 + 256
i) 66 + 551
j) 122 + 688 + 213
k) 819 + 99 + 408
l) 173 + 371 + 837

Denke an die Überschlagsrechnung.

2
a) 6827 + 3152
b) 12 183 + 5 716
c) 384 587 + 603 412
d) 8118 + 2779
e) 5 238 + 23 851
f) 154 585 + 964 923

3 Schreibe die Aufgaben in dein Heft und trage in die Leerfelder die Übertragsziffern ein.

a) 93 654 + 97 638 + 89 705 = 280 997
b) 463 399 + 65 782 + 289 997 = 819 178
c) 222 222 + 444 444 + 666 666 = 1 333 332

4
a) 856 + 2032 + 5111
b) 6153 + 319 + 1642
c) 362 245 + 336 874 + 66 844

5
a) 36 231 + 81 125 + 89 539 + 422 + 32 171
b) 74 871 + 51 467 + 1 039 + 8 951 + 97 294
c) 142 978 + 281 557 + 554 415 + 538 473 + 10 028

6 Schreibe stellenrichtig untereinander und rechne. Überschlage aber zuerst die Ergebnisse.

a) 283 + 102 + 554 + 139
b) 171 + 631 + 505 + 201 + 383
c) 4321 + 8102 + 3930 + 5502 + 157
d) 24 789 + 7305 + 13 711 + 43 217 + 1
e) 744 + 7447 + 74 474 + 744 744 + 47
f) 2467 + 41 364 + 213 + 2074 + 6131
g) 52 763 + 7654 + 90 269 + 411 189
h) 543 498 + 72 414 + 1682 + 6595

7 Ergänze die fehlenden Ziffern.

a) 572 + 3** = *97
b) 7*0* + 21*1 = *599
c) 6**7 + 252* = *951

8 Addiere die Zahlen
a) in den Spalten, b) in den Zeilen.

7145	14 347	9 001	9 531	
2241	165	42 741	65 953	
849	6 592	36 776	58 517	
7297	39 875	9 884	76 898	
				387 812

Du hast dann richtig gerechnet, wenn die Summe der Zeilenergebnisse gleich der Summe der Spaltenergebnisse ist.

9 Schreibe folgende Zahlen in Ziffern und addiere sie:
a) sechsundsechzig, dreitausendvierhundertzwölf, zwei Millionen dreihundertachtundsechzigtausendeinhundertzehn
b) zweitausendfünf, einundzwanzigtausendeins, sechsundvierzigtausendzwölf, vierundachtzigtausendneunhundertneunundneunzig

Es gibt auch Palindrom-Wörter:

> NUN   RADAR
> ANNA
>   REITTIER
>   REGALLAGER

Palindrom-Sätze:

> ELLY BISS SIBYLLE
> EIN ESEL LESE NIE

10 Eine Zahl, die von rechts und links gelesen die gleiche Zahl ergibt, nennt man eine „Palindrom-Zahl", z. B. sind 1881, 27 972, aber auch 3333 solche Palindromzahlen.
Zu einer Palindrom-Zahl kommst du, wenn du, wie im Beispiel gezeigt, fortlaufend die „umgedrehte Zahl" addierst.

```
    137           68
  + 731         + 86
    868          154
     ↑         + 451
 Palindrom-      605
    Zahl  →   + 506
                1111
```

Beginne deine Additionsreihe jeweils mit einer der folgenden Zahlen und addiere so lange, bis du eine Palindromzahl erhältst.
a) 16 b) 29 c) 65 d) 96
e) 119 f) 275 g) 572 h) 1292

11 Berechne die Summe aus 652 819 und 347 181.

12 Bilde die Summe aus der kleinsten und der größten 5-stelligen Zahl.

13 Bilde aus den Ziffern 1; 2; 3; 4; 5; 6 so zwei 3-stellige Zahlen, dass die Summe der beiden Zahlen möglichst groß (möglichst klein) ist. Achte darauf, dass jede Ziffer nur einmal vorkommen darf. Wie groß sind die gesuchten Summen?

14 Familie Österlin fährt für zwei Wochen in den Urlaub. Die Ferienwohnung kostet in der ersten Woche 720 DM (Zwischensaison) und in der zweiten Woche 1175 DM (Hochsaison). Für Strom berechnet die Vermieterin 35 DM pro Woche, für die Endreinigung einmalig 80 DM. Berechne die Gesamtkosten für die Ferienwohnung.

15 Der Bodensee ist der größte und tiefste deutsche See. Außer Deutschland grenzen noch die Nachbarländer Schweiz und Österreich an den Bodensee.
Uferlänge Deutschland: 168 km
   Österreich: 26 km
   Schweiz: 69 km
Berechne die gesamte Uferlänge.

16 Familie Donno kauft sich ein neues Auto. Der Grundpreis (ohne „Extras") beträgt 31 590 DM. Zusätzlich bestellt die Familie noch ein Schiebedach (920 DM) und ein Antiblockiersystem (ABS) für 1950 DM. Für den Transport bis zum Händler werden 690 DM berechnet. Wie viel kostet das Auto insgesamt?

17 In der Werbung für einen Schweizer Ferienort heißt es: „Mehr als 2000 Sonnenstunden im Jahr." Eine Beobachtungsstation hat über 10 Jahre die monatliche Sonnenscheindauer gemessen und kam zu folgenden Durchschnittswerten:

Monat	Stunden	Monat	Stunden
Januar	123	Juli	282
Februar	129	August	234
März	175	September	186
April	208	Oktober	191
Mai	205	November	119
Juni	240	Dezember	135

Stimmt der Werbespruch?

6 Schriftliche Subtraktion

Der größte linke Nebenfluss des Rheins ist die Mosel. Sie entspringt in den Südvogesen (Frankreich). Die Wasserstraße ist von großer wirtschaftlicher Bedeutung. Auf ihr werden Kohle und Erze aus dem französischen Lothringen flussabwärts transportiert. Umgekehrt gelangen Waren aus den großen Häfen von Duisburg und Rotterdam flussaufwärts. Durch den Bau von Staustufen ist die Mosel auch für größere Schiffe schiffbar gemacht worden.
Am Deutschen Eck in Koblenz mündet sie in den Rhein. Der Rhein ist der größte deutsche Fluss und mit 1320 km immerhin 775 km länger als die Mosel. Wie lang ist die Mosel?

Länge des Rheins	1320 km
Unterschied zur Mosel	− 775 km
	1 1 1
Länge der Mosel	**545 km**

Die Berechnung der Flusslänge führte in der oben stehenden Aufgabe zur **schriftlichen Subtraktion**.

---

1. Überschlagsrechnung
2. Schreibe die Zahlen stellenrichtig untereinander.
3. Ergänze stellenweise: Erst die Einer, dann die Zehner, Hunderter, ... Achte auf den Übertrag und notiere ihn in der Leerzeile.
4. Vergleiche das Ergebnis mit der Überschlagsrechnung.

Aufgabe: 3792 − 1278
Überschlag: 3800 − 1300 = 2500
Rechnung:

	3	7	9	2	1. Zahl
−	1	2	7	8	2. Zahl
			1		Übertrag
	2	5	1	4	Ergebnis

Beispiel 1:

Aufgabe: 1834 − 623
Überschlag: 1800 − 600 = 1200

Rechnung: 1834
          − 623
          _____
           1211

Beispiel 2:

Aufgabe: 3732 − 1458
Überschlag: 3700 − 1500 = 2200

Rechnung: 3732
          −1458
            1 1
          _____
           2274

Rechnen

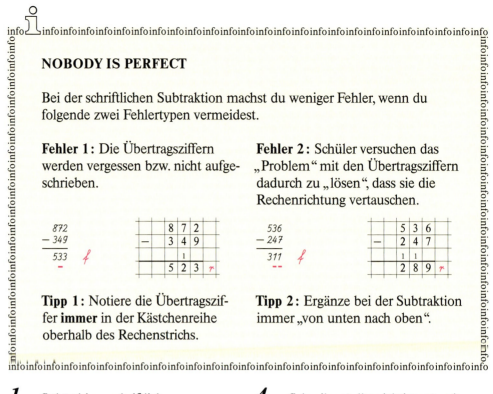

NOBODY IS PERFECT

Bei der schriftlichen Subtraktion machst du weniger Fehler, wenn du folgende zwei Fehlertypen vermeidest.

Fehler 1: Die Übertragsziffern werden vergessen bzw. nicht aufgeschrieben.

Fehler 2: Schüler versuchen das „Problem" mit den Übertragsziffern dadurch zu „lösen", dass sie die Rechenrichtung vertauschen.

Tipp 1: Notiere die Übertragsziffer **immer** in der Kästchenreihe oberhalb des Rechenstrichs.

Tipp 2: Ergänze bei der Subtraktion immer „von unten nach oben".

1 Subtrahiere schriftlich.

a) 385 − 243 = 142 b) 773 − 352 = 421 c) 968 − 646 = 322
d) 685 − 418 = 267 e) 809 − 57 = 752 f) 983 − 492 = 491
g) 414 − 235 = 179 h) 501 − 382 = 119 i) 902 − 799 = 103

Denke an die Überschlagsrechnung.

2

a) 2578 − 435 b) 5614 − 2413 c) 6552 − 4342
d) 3245 − 106 e) 3006 − 2463 f) 6352 − 3541
g) 2066 − 1177 h) 5606 − 840 i) 7458 − 3676

3

a) 78 877 − 5 613 b) 57 480 − 31 493 c) 59 342 − 9 431
d) 38 078 − 4 183 e) 66 906 − 27 843 f) 89 630 − 70 914
g) 43 001 − 9 904 h) 52 149 − 4 438 i) 100 000 − 72 843

4 Schreibe stellenrichtig untereinander. Rechne dann schriftlich.

a) 5677 − 3689   b) 9456 − 3458
c) 39 488 − 27 356   d) 43 563 − 21 796
e) 73 019 − 30 813   f) 188 875 − 2396
g) 278 717 − 56 892
h) 543 248 − 187 684
i) 100 001 − 44 446

5 Berechne die fehlenden Zahlen.

a) 4619 + ◇ = 5416
b) 2798 + ◇ = 13 608
c) 6874 + ◇ = 81 532
d) ◇ + 12 891 = 28 612
e) ◇ + 81 992 = 97 779

6 Schreibe die Aufgaben in dein Heft. Ergänze alle fehlenden Ziffern. Denke auch an die Übertragsziffern.

a) ** + 46 = 79   b) 4678 − 2589 = 2089   c) *88* − 9*9 = 7*89

7 Ergänze die fehlenden Zahlen.

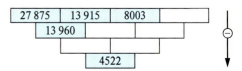

48 Rechnen

Subtrahend heißt eine Zahl, die subtrahiert wird.

8 Subtraktion mehrerer Zahlen.

```
  7 8 1 9
- 1 3 3 2
-   2 1 5
      1
  6 2 7 2
```

– Addiere zuerst die Ziffern der Subtrahenden spaltenweise.
– Ergänze erst dann zur obersten Zahl.

a) 987 − 223 − 142
b) 2493 − 231 − 1142
c) 13 723 − 2 414 − 1 103
d) 16 312 − 2 319 − 1 903 − 2 113
e) 24 014 − 11 302 − 743 − 1 009
f) 68 973 − 14 919 − 20 013 − 999

9 Schreibe stellenrichtig untereinander. Rechne dann schriftlich.
a) 16 273 − 3625 − 173 − 2819 − 424
b) 212 014 − 31 215 − 18 554 − 67 819
c) 259 717 − 38 357 − 42 111 − 1794
d) 300 123 − 1024 − 17 781 − 137 916
e) 621 009 − 417 318 − 879 − 77 777

Zur Selbstkontrolle: Die Summe der falschen Ergebnisse beträgt 100 000.

10 Wo wurde falsch gerechnet?
a) 79 911 − 6825 − 13 481 = 59 605
b) 84 421 − 17 612 − 53 787 = 10 322
c) 120 023 − 98 − 99 756 = 21 069
d) 70 207 − 4219 − 769 − 4 = 65 215
e) 187 514 − 67 894 − 49 991 = 68 609
f) 99 633 − 2755 − 76 109 = 20 769

11 Übertrage ins Heft. Berechne die Differenzen und setze dann das richtige Zeichen (<, = oder >).
a) 862 − 315 ☐ 913 − 627
b) 7313 − 4013 ☐ 13 409 − 8917
c) 26 419 − 15 917 ☐ 47 489 − 33 698
d) 76 728 − 57 917 ☐ 77 785 − 58 974
e) 161 013 − 98 711 ☐ 149 682 − 87 415
f) 224 391 − 22 409 ☐ 267 513 − 64 288

12 a) Subtrahiere neuntausendzweihundertacht von siebenundzwanzigtausenddreihundertelf.
b) Bilde die Differenz aus einer Milliarde und acht Millionen achthundertzehntausendsiebenhundertfünfzehn.
c) Subtrahiere neunundneunzigtausendneun von einer Milliarde eintausendeins.

13 Rechne die Subtraktionen, die für dich lösbar sind.
Begründe, weshalb du einige der Aufgaben nicht lösen kannst.

a) 56 359 − 9 999
b) 128 449 − 218 449
c) 259 812 − 260 007
d) 174 819 − 147 901 − 51 345
e) 7 315 007 − 335 876 − 6 789 853
f) 400 710 − 399 811 − 89

14 Berechne die Differenz der Zahlen 168 977 und 47 918 (443 769 und 121 874; 7 366 217 und 53 891).

15 Berechne den Unterschied zwischen der größten und der kleinsten sechsstelligen Zahl.

16 Wie ändert sich eine Differenz, wenn man die erste Zahl um 20 vergrößert und die zweite Zahl um 20 verkleinert?

17 Zu Beginn einer Urlaubsfahrt zeigt der Kilometerzähler 33 765 km an. Nach der Urlaubsfahrt ist ein Kilometerstand von 35 593 km abzulesen.
a) Wie viele Kilometer wurden während der Urlaubsfahrt zurückgelegt?
b) Das Auto muss im Abstand von 15 000 km zur Inspektion. Wie viele Kilometer können bis zur nächsten Inspektion noch gefahren werden?

18

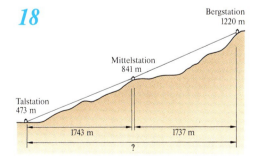

a) Auf welchem der beiden Streckenabschnitte überwindet die Bahn die größere Höhendifferenz?
b) Berechne die in der Skizze mit Fragezeichen gekennzeichnete Strecke.

7 Schriftliche Multiplikation

Blitzt es während eines Gewitters ganz in der Nähe, so kann man es fast gleichzeitig donnern hören. Ist der Blitz jedoch weiter entfernt, so hört man den Donner erst einige Sekunden später. Das kommt daher, dass der Schall viel langsamer (340 m pro Sekunde) ist als das Licht (300 000 km pro Sekunde).
Hat man herausgefunden, dass zwischen Blitz und Donner z. B. 7 Sekunden vergangen sind, so kann man auch die Entfernung des Gewitters ausrechnen.

Weg des Schalls in **1** Sekunde: 340 m

Weg des Schalls in **7** Sekunden:

$$340 \text{ m} \cdot 7 = 2380 \text{ m}$$

Das Gewitter ist etwa 2380 m entfernt.

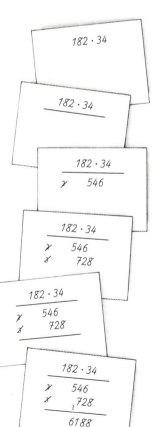

Multiplikationen, die man nicht mehr im Kopf durchführen kann, rechnet man mit Hilfe der **schriftlichen Multiplikation**.

1. Überschlagsrechnung
2. Beginne die Multiplikation mit der höchsten Stelle des 2. Faktors und notiere dieses Teilprodukt.
3. Die nachfolgenden Teilprodukte werden jeweils eine Stelle nach rechts gerückt.
4. Nachdem alle Teilmultiplikationen durchgeführt sind, werden die nach rechts gestaffelten Teilprodukte addiert.
5. Vergleiche das Ergebnis mit der Überschlagsrechnung.

Aufgabe: 182 · 34
Überschlag: 200 · 30 = 6000
Rechnung:

	1. Faktor			2. Faktor		
	1	8	2	·	3	4
Behalteziffern ₂₃		5	4	6	○	1. Teilprodukt
			7	2	8	2. Teilprodukt
				1		Übertrag
		6	1	8	8	Ergebnis

Beispiel 1:

Aufgabe: 621 · 4
Überschlag: 600 · 4 = 2400

Rechnung: 621 · 4
           ─────
           2484

Beispiel 2:

913 · 23
1000 · 20 = 20 000

913 · 23
─────
1826
 2739
─────
20999

Beispiel 3:

807 · 34
800 · 30 = 24 000

807 · 34
─────
2421
 3228
─────
27438

NOBODY IS PERFECT

Außer den „Einmaleinsfehlern", die du durch regelmäßiges Kopfrechentraining vermeiden kannst, kommen bei der schriftlichen Multiplikation die folgenden beiden Fehlertypen häufig vor.

Fehler 1: Beim Berechnen der Produkte werden ... ziffern vergessen ...

$$\frac{135 \cdot 5}{555} \; f$$

$$\frac{135 \cdot 5}{575} \; f$$

Tipp 1: Notiere ... links von den ... dem die Beha... streiche sie so ...
oder
Behalteziffern ... Fingern „merken"...

1 Rechne schriftlich.
a) 121 · 4   b) 2314 · 2   c) 12 132 · 2
   223 · 3   1221 · 4   31 221 · 3
   212 · 4   2212 · 3   21 211 · 4
   313 · 3   3432 · 2   11 001 · 5
d) 134 402 · 2   e) 312 · 20   f) 1223 · 30
   213 321 · 3   212 · 40   2443 · 20
   210 101 · 4   404 · 20   21 221 · 40
   111 011 · 5   333 · 30   42 442 · 20

2 Berechne. Denke dabei auch immer an die Überschlagsrechnung.
a) 123 · 4   b) 2316 · 3   c) 101 312 · 4
   204 · 3   1744 · 2   213 461 · 2
   612 · 3   3101 · 7   110 171 · 50
   811 · 5   12 733 · 2   309 122 · 30
   972 · 4   28 123 · 3   405 424 · 20

3
a) 213 · 4   b) 2709 · 7   c) 30 972 · 8
   312 · 5   4817 · 6   41 271 · 9
   609 · 7   8412 · 9   107 411 · 20
   817 · 4   10 318 · 5   213 673 · 50
   944 · 6   21 370 · 7   489 219 · 60

4
a) 211 · 23   b) 1121 · 23
   322 · 32   2133 · 31
   414 · 212   3102 · 230
c) 10 311 · 13   d) 104 211 · 12
   22 314 · 22   201 220 · 34
   34 102 · 212   342 102 · 121

5
a) 418 · 12   b) 1215 · 23
   603 · 22   2412 · 41
   711 · 37   4013 · 32
   833 · 33   5212 · 44
c) 11 312 · 24   d) 212 318 · 33
   22 611 · 32   361 402 · 21
   47 322 · 212   412 323 · 203
   71 310 · 321   612 311 · 323

6
a) 427 · 32   b) 1912 · 361
   319 · 41   2707 · 434
   512 · 68   6883 · 620
   710 · 82   8125 · 747
   809 · 97   9796 · 850

Rechnen **51**

7 Wähle die Reihenfolge der Faktoren so, dass du möglichst leicht rechnen kannst.

Oft ist es vorteilhaft die Zahl, die weniger Stellen hat, als 2. Faktor zu schreiben.

a) 76 · 110 8360
11 · 482 5302
139 · 13 1807
63 · 160 10080
47 · 209 9823

b) 290 · 53 15370
65 · 278 18070
282 · 42 11844
610 · 73 44530
927 · 0 0

c) 414 · 78 32292
44 · 287 12628
52 · 4663 242476
95 · 483 45885
389 · 200 77800

d) 29 · 807 23403
36 · 9670 348120
7 · 36 417 254919
6580 · 92 605360
1881 · 107 201267

8 Übertrage die folgenden Multiplikationstabellen in dein Heft und ergänze die fehlenden Zahlen.

a)

·	7	20	39	75
27	189	756	1053	2025
46	322	1288	1794	3450
65	455	1820	2535	4875
78	546	2184	3042	5850
93	651	2604	3627	6975

b)

·	9	69	108	174
98				
113				
142				
167				
205				

9 Rechne möglichst günstig.

a) 500 · 72
b) 138 · 66
c) 8 · 9712
d) 2001 · 731
e) 6000 · 43
f) 111 · 1078
g) 2222 · 179
h) 4040 · 2135
i) 0 · 9999
j) 25 000 · 123

10

a) 8 · 63 · 9
b) 73 · 5 · 13
c) 32 · 5 · 16
d) 24 · 36 · 7
e) 101 · 7 · 33
f) 91 · 0 · 67
g) 4 · 144 · 25
h) 8 · 2712 · 125
i) 250 · 3912 · 40
j) 500 · 897 · 200

11 a) Multipliziere die Zahl 12 345 679 mit 9 (18; 27; 36; 45).
b) Überlege, wie die Ergebnisse für die Multiplikation mit 54, 63, 72 und 81 lauten. Überprüfe deine Überlegung mit Hilfe einer Rechnung.
c) Versuche eine entsprechende Regel zu formulieren.

12 Zeichne folgende Felder in dein Heft.

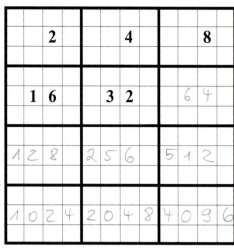

a) Durch Verdoppeln erhältst du jeweils die folgende Zahl. Ergänze die fehlenden Zahlen entsprechend.
b) Zeichne die 12 Felder nochmals ins Heft (Breite: 6 Kästchen pro Feld). Fülle sie (mit 3 beginnend) so aus, dass die jeweilige Folgezahl durch Verdreifachen gefunden wird.

13 Berechne das Produkt der Zahlen 63 und 19 (34 und 89; 76 und 48).

14 a) Multipliziere die Zahl 23 mit sich selbst.
b) Multipliziere Vorgänger und Nachfolger von 23 miteinander.
c) Vergleiche die Ergebnisse der Teilaufgaben a) und b).
d) Suche drei weitere gleichartige Beispiele.

15 Irene fährt an 195 Tagen im Jahr mit dem Bus zur Schule. Sie wohnt 8 km vom Schulort entfernt.
Wie viel km legt sie also jährlich mit dem Schulbus zurück?

16 Ein Mountain-Bike wird in einer Fahrradhandlung zum Barpreis von 868 DM angeboten. In einem anderen Geschäft bekommt man das gleiche Rad für 12 Monatsraten zu je 75 DM. Welches Angebot ist günstiger?

Abessinien liegt im heutigen Äthiopien.

???

Eine alte Geschichte erzählt von einem abessinischen Bauernvolk, das die schriftliche Multiplikation nicht kannte. Dennoch halfen sich diese Leute auf eine recht merkwürdige Art.

Die abessinischen Bauernregeln:

1. Der erste Faktor des zu berechnenden Produkts wird so oft halbiert, bis man auf 1 kommt. Tritt beim Halbieren von ungeraden Zahlen ein Rest auf, so lässt man diesen weg.
2. Der zweite Faktor wird so oft verdoppelt, wie der erste Faktor halbiert wurde.
3. Man streicht nun in der Tabelle die Zeilen weg, in denen der erste Faktor eine gerade Zahl ist.
4. Die Zahlen, die in der rechten Tabellenspalte übrig bleiben, werden zum Schluss addiert (oberste Zahl nicht vergessen!).
5. Die Summe ist das Ergebnis der Multiplikationsaufgabe.

```
         81 · 123
    81            123
    40̶            2̶4̶6̶
    2̶0̶            4̶9̶2̶
    1̶0̶            9̶8̶4̶
     5           1968
     2̶           3̶9̶3̶6̶
     1           7872
                 ────
                 9963
```

17 Führe folgende Multiplikationen nach der abessinischen Bauernmethode durch und prüfe das Ergebnis mit Hilfe der schriftlichen Multiplikation.
a) 16 · 15   b) 18 · 52   c) 84 · 39
d) 128 · 7   e) 111 · 11 f) 298 · 24

18 Eine Sekretärin schreibt an ihrem Computer pro Minute 325 Anschläge.
a) Wie viele Anschläge erreicht sie in 15 Minuten?
b) Wie viele Anschläge würde sie, bei gleichbleibender Leistung, in einer Stunde tippen?

19 Beim Bremsen aus einer Geschwindigkeit von 30 km je Stunde kommt ein Personenzug nach 85 m zum Stillstand. Bei 4facher Geschwindigkeit ist der Bremsweg etwa 16-mal so lang.
a) Wie viele Kilometer pro Stunde legt der Zug bei dieser 4fachen Geschwindigkeit zurück?
b) Wie lang ist dann der Bremsweg?

20 Der Mond bewegt sich um die Erde und legt dabei in einer Stunde 3672 km zurück.
a) Welche Strecke legt der Mond an einem Tag zurück?
b) Für einen vollen Umlauf um die Erde braucht er 656 Stunden (= 27 Tage und 8 Stunden). Berechne die Wegstrecke, die er in dieser Zeit zurücklegt.

21 Die Erde „rast" mit einer Geschwindigkeit von 1788 km pro Minute um die Sonne.
a) Welchen Weg legt die Erde dabei in einer Stunde (an einem Tag) zurück?
b) Vergleiche mit den Wegstrecken, die der Mond (vgl. Aufgabe 20) in einer Stunde (an einem Tag) zurücklegt.

22 Eine Familie hat 5 Söhne. Jeder Sohn hat eine Schwester. Wie viele Kinder leben in der Familie?

23 Bestimme das Alter deines Banknachbarn. Stelle ihm dazu folgende Aufgabe: „Multipliziere dein Alter mit 1443. Multipliziere dann das errechnete Produkt mit 7. Sag mir das Ergebnis." Schreibe dir dieses Ergebnis auf. Hat dein Nachbar richtig gerechnet, so kannst du aus der Ergebniszahl leicht das gesuchte Alter ablesen.

8 Schriftliche Division

Herr Gehlen hat für seine Wandergruppe eine Route ausgearbeitet. Die Naturschutzgebiete um den Laachersee, die Eifelmaare und die Wälder des Naturparks sollen durchwandert werden.
Er rechnet damit, dass er mit seinen Wandergefährten für die 264 km lange Strecke 12 Tage braucht. Von welcher durchschnittlichen „Tagesstrecke" geht Herr Gehlen aus?

$$264 \text{ km} : 12 = \mathbf{22 \text{ km}}$$
$$\underline{24}$$
$$24$$
$$\underline{24}$$
$$0$$

Die durchschnittliche Wanderstrecke pro Tag beträgt also 22 km.

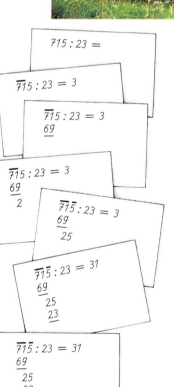

Die oben stehende Aufgabe wurde mit Hilfe der **schriftlichen Division** gelöst.

1. Überschlagsrechnung
2. Zerlege die zu teilende Zahl schrittweise und dividiere dann.
3. Geht der letzte Divisionsschritt nicht auf, so notiere den Rest im Ergebnis.
4. Vergleiche das Ergebnis mit der Überschlagsrechnung.

Aufgabe: 537 : 6
Überschlag: 540 : 6 = 90
Rechnung:

5	3	7	:	6	=	8	9	R 3
4	8							
	5	7						
	5	4						
		3				Rest 3		

Beispiel 1:   **Beispiel 2:**   **Beispiel 3:**

Aufgabe: 336 : 4   689 : 7   7176 : 23
Überschlag: 320 : 4 = 80   700 : 7 = 100   6000 : 20 = 300

Rechnung: 336 : 4 = **84**   689 : 7 = **98 R 3**   7176 : 23 = **312**
                 32   63   69
                 16   59   27
                 16   56   23
                 0   3   46
                                                                46
                                                                0

NOBODY IS PERFECT

Die schriftliche Division ist wohl die schwierigste Rechenart unter den vier Grundrechenarten. Besonders viele Fehler werden dann gemacht, wenn bei der Division die Null auftritt.

Fehler 1:
Die Null als letzte Ziffer im Ergebnis fehlt.

Fehler 2:
Im Ergebnis fehlt eine „Zwischennull".

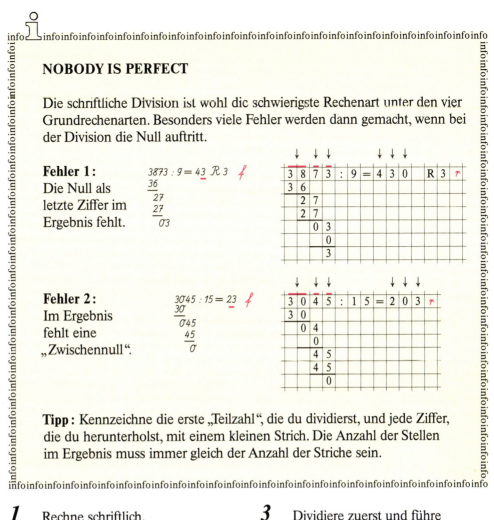

Nicht vergessen: Überschlagsrechnung

Tipp: Kennzeichne die erste „Teilzahl", die du dividierst, und jede Ziffer, die du herunterholst, mit einem kleinen Strich. Die Anzahl der Stellen im Ergebnis muss immer gleich der Anzahl der Striche sein.

1 Rechne schriftlich.
a) 224 : 2 =112 b) 2824 : 2 1412 c) 196 : 2 98
369 : 3 =123   3663 : 3 1221   231 : 3 77
468 : 2 234   4848 : 4 1212   297 : 3 99
696 : 3 232   8642 : 2 4321   364 : 4 91
480 : 4 120   9699 : 3 3233   420 : 4 105
d) 215 : 5 43 e) 3582 : 6 597 f) 12 585 : 3 4195
342 : 6 57   5872 : 8 734   23 140 : 5 4628
539 : 7 77   6986 : 7 998   15 240 : 6 2540
752 : 8 94   7875 : 9 875   46 272 : 8 5784
873 : 9 97   4905 : 5 981   73 584 : 9 8176

2 Berechne. Mache dabei auch immer eine Überschlagsrechnung.
118 R1 a) 237 : 2   b) 316 : 5 63 R1   c) 593 : 9 65 R8
130 R1   391 : 3   687 : 6 114 R3   789 : 7 112 R5
160 R2   482 : 3   815 : 4 203 R3   917 : 8 115 R5
122 R3   735 : 6   937 : 1 937   989 : 9 109 R8
1191 R2 d) 4766 : 4 e) 3983 : 5   f) 23 427 : 8
2507 R2   7523 : 3   6817 : 4   46 987 : 9
          8911 : 1 8911 9787 : 6   91 003 : 7
1320 R4   9244 : 7   9901 : 5   97 540 : 6

796 R3   2928 R3
1704 R1   5220 R7
1631 R1   13 000 R3
1980 R1   16 256 R4

3 Dividiere zuerst und führe anschließend die Probe durch.
Rechnung: 270 : 30 = 9
Probe: 9 · 30 = 270
a) 240 : 20 12 b) 204 : 12 17 c) 19 809 : 31 639
1080 : 30 36   828 : 46 18   22 207 : 53 419
2700 : 50 54   2576 : 16 161   40 722 : 66 617
1825 : 25 73   5148 : 22 234   39 424 : 77 512

4 Dividiere. Achte auf den Rest.
Rechnung: 773 : 12 = 64 Rest 5
Probe: 64 · 12 + 5 = 768 + 5 = 773
29 a) 291 : 10   b) 1329 : 27   c) 15 704 : 76 206 R48
407 : 15 27 R2   1887 : 32   26 689 : 84 317 R61
670 : 18 37 R4   2754 : 41   39 999 : 91 439 R50
889 : 21 42 R7   3462 : 47   60 007 : 99 606 R13

49 R6
58 R31
67 R7
73 R31

5
a) 588 : 8   b) 2703 : 10   c) 10 314 : 27 382
442 : 3   3470 : 92   27 100 : 48 564 R28
987 : 7   6798 : 66   47 424 : 78 608
1272 : 8   8907 : 71   98 800 : 24 4116 R16

73 R4   270 R3
147 R1   37 R66
141   103
159   125 R32

Rechnen

6
a) 1476 : 123
2432 : 152
4163 : 181
7289 : 197
11 183 : 211

b) 34 620 : 301
59 405 : 467
153 000 : 659
310 793 : 743
991 012 : 892

7 Achte auf die Nullen im Ergebnis.
a) 17 776 : 44
37 989 : 63
103 626 : 171
1 145 144 : 572

b) 69 316 : 86
19 129 : 47
126 252 : 63
2 010 670 : 67

8 Berechne jeweils den Platzhalter.
a) 128 : ◇ = 8
750 : ◇ = 25
2125 : ◇ = 17
6597 : ◇ = 733
31 239 : ◇ = 801

b) 2532 : 12 = ◇
◇ : 34 = 77
30 353 : ◇ = 127
58 320 : ◇ = 486
◇ : 189 = 1234

9 a) Welcher Rest kann bei der Division durch 2 (3; 4; ...; 8; 9) höchstens im Ergebnis stehen?
b) Wie groß kann der bei einer Division auftretende Rest höchstens sein?

10 Berechne den Quotienten der Zahlen 15 264 und 12 (6973 und 19; 3293 und 37).

11 Durch welche Zahl muss man 2771 dividieren um 163 zu erhalten?

12 Familie Hamm möchte ihren Urlaub in Monschau i. d. Eifel verbringen. Folgende Angebote liegen vor:

URLAUB IN
Monschau

Angebot A:
Ferienwohnung
für 7 Tage: DM 581,–

Angebot B:
Ferienwohnung
pro Tag: DM 85,–

Welches Angebot ist günstiger? Rechne auf zwei verschiedene Arten.

13 In einer Molkerei werden 1000 Milchflaschen in 6er-Kästen ausgeliefert. Wie viele Kästen können gefüllt werden? Wie viele Flaschen bleiben übrig?

14 Eine Tippgemeinschaft mit 8 Personen hat 61 800 DM gewonnen. Der Gewinn soll gleichmäßig verteilt werden. Wie viel Geld erhält jeder Mitspieler?

15 Tausend
a) 1000 Tage – Konntest du in diesem Alter schon laufen?
b) 1000 Wochen – Bist du schon so alt? (52 Wochen = 1 Jahr)
c) 1000 Monate – Kennst du jemanden, der so alt ist?

16

Eine gesunde, hundertjährige Buche produziert pro Stunde etwa 2 kg Sauerstoff. Ein Düsenflugzeug „frisst" je Stunde Flugzeit 3500 kg Sauerstoff. Wie viele solcher Buchen sind nötig um den von einem Flugzeug verbrauchten Sauerstoff wieder zu erzeugen?

17 Ein 216 m langes und 132 m breites Waldstück soll nach einem Sturmschaden neu aufgeforstet werden. Um die kleinen Pflanzen vor „Wildverbiss" zu schützen soll um die Fläche ein Zaun errichtet werden. Die Pfosten sollen einen Abstand von jeweils 6 m haben.
a) Wie viele Pfosten werden für eine der längeren Seiten benötigt?
b) Wie viele Pfosten werden für den gesamten Zaun benötigt? Fertige zunächst eine Skizze an.

9 Verbindung der vier Grundrechenarten

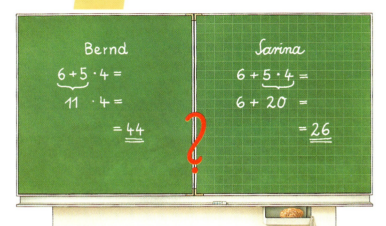

Bei Rechenaufgaben, die sowohl aus Addition/Subtraktion als auch aus Multiplikation/Division bestehen, ist es wichtig zu wissen, in welcher Reihenfolge gerechnet werden muss.

Bernd rechnet der Reihe nach von links nach rechts und kommt zum **falschen** Ergebnis 44.

Sarina kommt zum **richtigen** Ergebnis und begründet ihre andere Reihenfolge beim Rechnen.

$$6 + 5 \cdot 4 = 6 + \underbrace{4+4+4+4+4}_{20}$$
$$= 6 + 20$$
$$= 26$$

Treten in derselben Aufgabe Addition/Subtraktion und Multiplikation/Division gemischt auf, so müssen die einzelnen Rechenschritte in der richtigen Reihenfolge ausgeführt werden.

Diese Reihenfolge ist durch folgende Regeln festgelegt:

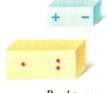

Punkt- vor Strichrechnung

1. **Punktrechnung** ($\cdot$ und :) wird **vor Strichrechnung** ($+$ und $-$) ausgeführt.

2. Was in **Klammern** steht, wird immer **zuerst** berechnet.

Beispiel 1:

a) $2 + 3 \cdot 5$
$= 2 + 15$
$= 17$

b) $19 - 2 \cdot 4$
$= 19 - 8$
$= 11$

$43 + 18 : 9$
$= 43 + 2$
$= 45$

$36 - 48 : 8$
$= 36 - 6$
$= 30$

Beispiel 2:

a) $5 \cdot (7 + 4)$
$= 5 \cdot 11$
$= 55$

b) $8 \cdot (19 - 7)$
$= 8 \cdot 12$
$= 96$

$24 : (4 + 2)$
$= 24 : 6$
$= 4$

$49 : (22 - 15)$
$= 49 : 7$
$= 7$

Beispiel 3:

a) $(29 + 13) \cdot 7$
$= 42 \cdot 7$
$= 294$

b) $(117 - 69) \cdot 13$
$= 48 \cdot 13$
$= 624$

$(114 + 159) : 39$
$= 273 : 39$
$= 7$

$(307 - 76) : 21$
$= 231 : 21$
$= 11$

Beispiel 4:

a) $(18 - 3) + (12 - 7)$
$= 15 + 5$
$= 20$

b) $(19 + 4) - (8 + 2)$
$= 23 - 10$
$= 13$

$(25 - 12) \cdot (12 - 8)$
$= 13 \cdot 4$
$= 52$

$(24 + 8) : (22 - 6)$
$= 32 : 16$
$= 2$

Rechnen

1 Rechne im Kopf.
7 + 3 · 5 = 7 + 15 = 22
a) 9 + 3 · 4
   17 + 4 · 5
   107 + 9 · 7
b) 16 − 3 · 4
   39 − 6 · 3
   109 − 9 · 11
c) 27 + 24 : 4
   44 + 56 : 8
   132 + 48 : 6
d) 50 − 49 : 7
   85 − 60 : 5
   229 − 110 : 11

2
a) 8 · 4 + 17 · 4
   2 + 15 · 3 + 33
   7 + 12 + 27 · 3
   55 + 56 : 8 + 8
b) 28 : 4 − 49 : 7
   66 − 6 : 6 − 30
   777 − 111 · 7 : 1
   10 000 : 250 − 5 · 8

3 Rechne, wenn nötig, schriftlich.
156 + 19 · 3 = 156 + 57 = 213
a) 142 + 17 · 3
   207 + 5 · 13
   319 + 4 · 49
b) 625 − 7 · 25
   709 − 6 · 32
   952 − 17 · 36
c) 312 + 144 : 12
   405 + 153 : 17
   666 + 334 : 167
d) 876 − 1504 : 4
   1489 − 2964 : 13
   6780 − 4567 : 0

4 Rechne im Kopf.
7 · (25 + 5) = 7 · 30 = 210
a) 3 · (7 + 13)
   5 · (9 + 16)
   13 · (78 + 22)
b) 8 · (27 − 15)
   4 · (56 − 36)
   20 · (287 − 89)
c) 60 : (14 + 16)
   150 : (21 + 29)
   200 : (63 + 37)
d) 24 : (48 − 24)
   36 : (21 − 12)
   121 : (73 − 62)

Klammern zuerst

5 Berechne mit Hilfe eines Rechenbaums.
a) 25 · 17 + 42
   (28 + 7) · 9
   (40 + 98) : 23
   223 − 4 · 49
b) 128 · 12 − 8
   396 : (110 − 77)
   (895 − 65) : 83
   (3568 − 1219) : 29
c) 1212 · 2 − 561
   991 − 7 · 123
   47 + 453 · 7
   56 · (667 + 333)
d) 12 819 + 123 · 4
   27 512 : (378 − 197)
   42 042 + 23 · 346
   5831 · (215 − 192)

6
In den folgenden Aufgaben wurde teilweise falsch gerechnet. Welche Ergebnisse sind richtig, welche falsch?
a) 23 + 7 · 51 = 380
b) 123 + 7 · 14 = 221
c) 888 − 688 : 2 = 100
d) 1312 + 6 · 7 = 9226
e) (315 + 9 · 5) : 2 = 810
f) (90 + 9) · (100 + 1) = 9999

Kontrollmöglichkeit: Die Summe aller richtigen Ergebnisse beträgt 10 600.

7 Berechne mit Hilfe eines Rechenbaums.
a) 18 − 6 · 2 + 12
b) 3 + 4 · 7 + 9 · 0
c) (24 + 4) − (36 − 8)
d) 23 · 5 · 9 · (17 − 3)
e) (48 − 6 · 3) : 3
f) 219 + 3 · 52 − 4 · 83
g) (583 − 111) − (629 − 157)
h) (1243 + 8412) : 5 + 3917
i) 15 656 + 4 · 5 − (6012 − 6 · 56)

8
Schreibe zuerst den Rechenausdruck mit Klammern auf. Rechne dann.
a) Addiere zur Differenz der Zahlen 19 und 7 die Zahl 89.
b) Addiere zur Differenz der Zahlen 19 und 7 die Summe der Zahlen 78 und 11.
c) Multipliziere die Summe aus 24 und 36 mit 16.
d) Dividiere die Summe aus 56 und 44 durch 20.
e) Dividiere die Summe der Zahlen 1000 und 500 durch ihre Differenz.
f) Subtrahiere das Produkt der Zahlen 25 und 18 von dem Quotienten der Zahlen 1 500 000 und 1250.

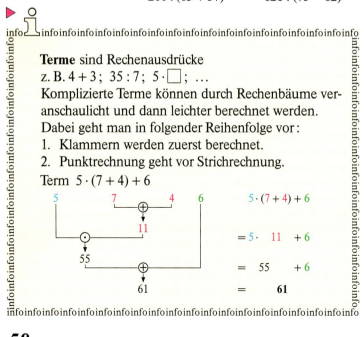

Terme sind Rechenausdrücke
z. B. 4 + 3; 35 : 7; 5 · ☐; …
Komplizierte Terme können durch Rechenbäume veranschaulicht und dann leichter berechnet werden.
Dabei geht man in folgender Reihenfolge vor:
1. Klammern werden zuerst berechnet.
2. Punktrechnung geht vor Strichrechnung.

Term 5 · (7 + 4) + 6

9 Überlege zuerst. Rechne dann.
a) (29 + 16) : (29 + 16)
b) (27 + 78 : 12) · 0
c) 1284 : (100 − 99)
d) (3917 + 2529) · 0 + 1949
e) (20 + 1) · (20 − 1)
f) (200 + 2) · (200 − 2)
g) (2539 + 7812 · 2) : 0

10 Für den ersten Schultag 1991 hatte ein Mathematiklehrer seinen Schülerinnen und Schülern folgende Aufgaben mitgebracht. Er hatte aber einige Fehler eingebaut. Finde heraus, wo das Gleichheitszeichen zu Recht steht.

a) 1 + 99 + 1 = 1 + 9 + 91 (sp)
b) (1 + 9) · (9 + 1) = 1 + 9 · 9 + 1 (w)
c) 1 · 9 + 9 · 1 = 1 + 9 + 9 − 1 (i)
d) 19 − 9 − 1 = 1 + 9 : 9 − 1 (e)
e) 1 + 9 − 9 · 1 − 1 · 9 − 9 · 1 (le)
f) 1 · 9 · 9 · 1 = 1 + 9 · 9 − 1 (tz)
g) 1 · 9 + 91 = 1 · 99 − 1 (ig)
h) 1 · 9 + 91 = 1 · 99 + 1 (e)

Wenn du dich nicht geirrt hast, entsteht ein Lösungswort, das dir gefallen wird.

11 Übertrage folgende Rechenausdrücke ins Heft. Berechne sie jeweils und setze die Zeichen <, = oder >.
a) 50 − (27 + 3) ☐ 50 − 27 + 3
b) 66 + (17 · 2) ☐ 66 + 17 · 2
c) 191 − (63 − 19) ☐ 191 − 63 − 19
d) 500 · (2 + 18) ☐ 500 · 2 + 18
e) 144 : (3 · 4) ☐ 144 : 3 · 4
f) 329 + (33 − 27) ☐ 329 + 33 − 27
g) 3 · (730 + 8) ☐ 3 · 730 + 8

12 Pia hatte 473 DM auf ihrem Sparkonto. Für Geschenke hob sie nacheinander ab: 15 DM, 9 DM und 23 DM. Berechne auf zwei verschiedene Arten, welchen Betrag sie noch auf dem Konto hat.

13 Die drei 5. Klassen mit je 22 Schülerinnen und Schülern machen eine gemeinsame Busfahrt zum Erlebnisbad. Das Busunternehmen verlangt 594 DM für die Fahrt. Wie viel muss jedes Kind bezahlen? Rechne auf zwei verschiedene Arten.

14 Silvio kauft einen Kasten (12 Flaschen) Mineralwasser für 4,40 DM. Für den Kasten muss er 3 DM und für jede Flasche 30 Pf Pfand zahlen.
a) Wie viel muss Silvio insgesamt bezahlen? Notiere zuerst den ganzen Rechenausdruck und rechne dann.
b) Wie viel Geld bekommt er zurück, wenn er mit einem 20-DM-Schein bezahlt? Kannst du auch hier zuerst den ganzen Rechenausdruck notieren?

15 Im Jahr 1981 stellte eine Lehrerin ihrer Klasse folgende Aufgabe:

$$(19 \cdot 81) + (1 \cdot 9 + 8 \cdot 1) + (198 \cdot 1) + (19 \cdot 81) + (1 \cdot 9 \cdot 8 \cdot 1) = ?$$

Die Kinder, die richtig gerechnet hatten, wunderten sich über das Ergebnis. Wie heißt die Ergebniszahl?

SPIELE

Stelle einem Mitspieler oder einer Mitspielerin folgende Aufgabe:
„Multipliziere deine Schuhgröße mit 2 und addiere dann 5. Multipliziere das Ergebnis mit 50. Subtrahiere nun dein Geburtsjahr (19..) Nenne mir das Ergebnis. Wenn du richtig gerechnet hast, sage ich dir dein Alter (bzw. das Alter, das du in diesem Kalenderjahr erreichst) und deine Schuhgröße."
Wenn du folgenden Geheimtext mit Hilfe eines Spiegels liest, erfährst du, wie du von der Ergebniszahl zum Alter und zur Schuhgröße kommst.

Subtrahiere von der Zahl, die dir dein Mitspieler sagt, 250. Addiere dann die Jahreszahl des laufenden Jahres (4-stellig). Du erhältst dadurch wiederum eine vierstellige Zahl. Die ersten beiden Ziffern dieser Zahl geben dir die gesuchte Schuhgröße an, die letzten beiden Ziffern nennen dir das gesuchte Alter.

10 Vermischte Aufgaben

1 Rechne im Kopf.
a) 12 + 4
23 + 5
47 + 2
81 + 8
b) 16 − 4
27 − 6
35 − 3
89 − 7
c) 15 + 17
36 + 12
57 + 9
88 + 12
d) 47 + 43
56 − 13
89 − 19
91 − 21
e) 156 + 13
134 − 21
168 − 64
175 + 55
f) 288 − 137
742 + 244
937 − 657
989 + 311

2 Rechne im Kopf. Beginne jeweils bei der angegebenen Ausgangszahl A.

Ausgangszahlen:
a) 5   b) 8
c) 16   d) 29
e) 48   f) 63
g) 79   h) 98
i) 112   j) 154
k) 177   l) 203
m) 419   n) 981

3 Auch hier gilt: Kopfrechnen.
a) 3 · 4
4 · 7
5 · 8
7 · 9
b) 7 · 11
4 · 12
13 · 3
15 · 4
c) 3 · 5 · 2
4 · 9 · 1
7 · 0 · 8
9 · 4 · 2

4 Rechne im Kopf.
a) 27 : 3
36 : 4
48 : 6
b) 81 : 9
100 : 10
150 : 30
c) 26 : 8
42 : 5
55 : 7
d) 65 : 7
90 : 12
94 : 14
e) 126 : 0
133 : 9
197 : 11
f) 248 : 20
253 : 40
300 : 70

Denke an die Restschreibweise: 44 : 7 = 6 R 2

Überschlagsrechnung nicht vergessen!

5 Schreibe stellenrichtig untereinander. Rechne schriftlich.
a) 123 + 412 + 819
b) 2829 + 3377 + 9073 + 678
c) 407 704 − 321 819
d) 8 947 513 − 629 412
e) 606 347 + 412 589 + 84 791 211
f) 1 546 784 − 564 936
g) 1 987 656 + 897 + 593 557 106 + 88 + 9
h) 76 454 023 − 35 792 345 − 768 − 3614
i) 22 588 001 + 1307 + 99 + 710 050

6 Rechne schriftlich.
a) 371 · 4
718 · 5
804 · 7
913 · 9
b) 435 : 5
570 : 6
749 : 7
909 : 3
c) 2812 · 4
24 671 · 5
53 473 · 7
98 166 · 9
d) 37 493 · 12
63 494 · 27
76 713 · 41
88 299 · 53
e) 83 544 : 24
251 300 : 35
480 192 : 610
897 729 : 931

7 a) Berechne die Summe der Zahlen 985 103 und 9686 (74 135 und 8974).
b) Berechne die Differenz der Zahlen 505 612 und 498 014 (277 644 und 89 551).
c) Wie groß ist das Produkt der Zahlen 1078 und 165 (7766 und 231)?
d) Wie groß ist der Quotient der Zahlen 378 936 und 24 (268 824 und 69)?

8 Löse folgende Kreuzzahlrätsel in deinem Heft. Berechne dazu die einzelnen Ergebnisse und trage sie wie im Beispiel angegeben ein.
a)

waagerecht:
A 112 + 493
D 751 − 444
E 72 + 888
G 997 − 244
I 52 + 39
J 989 − 890

senkrecht:
A 1269 − 580
B 4388 + 917
C 765 − 391
F 287 + 384
H 756 − 717

b)

waagerecht:
A 453 · 87
D 1071 : 17
F 380 : 4
G 37 · 11
I 18 · 131

senkrecht:
A 168 · 23
B 287 : 7
C 403 · 46
E 2718 : 9
H 7227 : 99

60 Rechnen

9 Ein schnell laufender Mensch erreicht eine Geschwindigkeit von 32 km pro Stunde. Ein Wanderfalke ist etwa 9-mal so schnell. Wie hoch ist die Geschwindigkeit, die ein Falke erreichen kann?

10 Eine Hauseigentümerin hat in ihrem Haus 3 Wohnungen vermietet. Für die Wohnung A erhält sie 760 DM, für die Wohnung B 590 DM und für die Wohnung C 815 DM Monatsmiete.
a) Wie groß ist die gesamte Mieteinnahme in einem Monat?
b) Berechne die Mieteinnahme pro Jahr.

11 Angelika und Michael bekommen bei einem Quiz folgende Rechenaufgabe gestellt:

$$224 - 12 \cdot 12$$

Angelika hat die Lösungszahl 2544; Michael besteht auf der Lösungszahl 80. Wer hat Recht?

12 Die kürzeste Entfernung Erde – Saturn beträgt rund 1 200 000 000 km. Das Licht braucht für diese Entfernung etwa 1 Stunde.

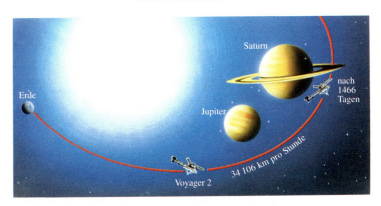

Die Raumsonde Voyager II startete am 20. 8. 1977. Nach wie viel Jahren kam sie am Saturn an?

13 Welche Zahl ist gleich ihrer Quadratzahl? (2 Möglichkeiten)

14 Für einen Tagesausflug nach Vorarlberg (Österreich) tauscht Rosarina 15 DM in österreichische Schillinge (öS) um. Für 1 DM bekommt man etwa 7 öS. Wie viele öS erhält Rosarina?

15 Multipliziert man 8 mit einer gedachten Zahl, so erhält man das gleiche Ergebnis, wie wenn man von 60 die Zahl 4 subtrahiert. Wie heißt die gedachte Zahl?

16 Eine Summe besteht aus 3 Summanden, wobei der erste Summand 5000 ist. Der zweite Summand ist um 20 kleiner und der dritte Summand um 20 größer als der erste Summand. Berechne die Summe der drei Zahlen.

17 Familie Dorn will mit ihrem Kind einen einwöchigen Urlaub verbringen. Hierzu liegt folgendes Angebot vor.

Sonderaktion:
Familien
1 Woche Übernachtung und Halbpension pro Person
nur DM 420,—
Kinder in Begleitung ihrer Eltern zahlen nur den halben Preis.

a) Frau Dorn hat für das Hotel 1000 DM eingeplant. Stelle mit Hilfe einer Überschlagsrechnung fest, ob dieser Betrag ausreicht.
b) Wie hoch sind die genauen Kosten?

18 Ein Händler bezieht von der Herstellerfirma 24 Damenräder zu je 498 DM und 18 Herrenräder zu je 548 DM. Wie viel kosten alle Räder zusammen?

19 a) Wie viele Schläge macht eine Wanduhr pro Tag (24 Stunden), wenn sie nur zu den vollen Stunden schlägt?
b) Wie oft schlägt sie an einem Tag, wenn sie zusätzlich zu jeder halben Stunde schlägt?

ZAUBER

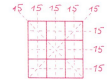

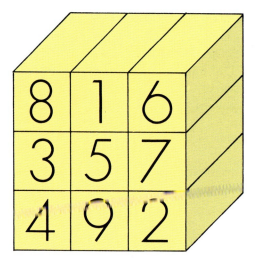

Von dem chinesischen Kaiser Yü (um 2200 v. Chr.) soll nebenstehendes „3 x 3-Zauberquadrat" stammen.
In diesem Zauberquadrat sind die Zahlen 1 bis 9 so eingetragen, dass die Summe der Zahlen in jeder Zeile, in jeder Spalte und in den beiden Diagonalen jeweils 15 beträgt. 15 wird dann als „magische Zahl" dieses 3 x 3-Zauberquadrats bezeichnet.

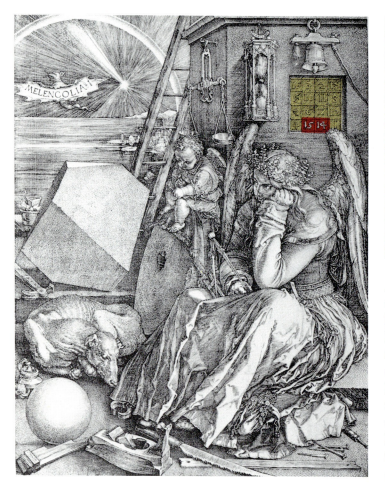

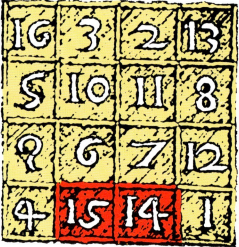

Albrecht Dürer (1471 - 1528) war einer der größten deutschen Maler.
Der links gezeigte Holzschnitt trägt den Namen „Melencolia" und enthält in der rechten oberen Ecke ein 4 x 4-Zauberquadrat. Die magische Zahl 34 taucht hier als Summe mehrmals auf (auch die fünf 2 x 2-Quadrate in den Ecken und in der Mitte ergeben als Summe 34).
Dürer hat es sogar geschafft, in der untersten Zeile das Herstellungsjahr anzugeben (1514).

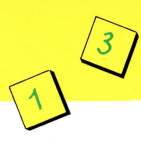

Aufgabe 1: Überprüfe, ob die folgenden Zahlenquadrate auch Zauberquadrate sind.

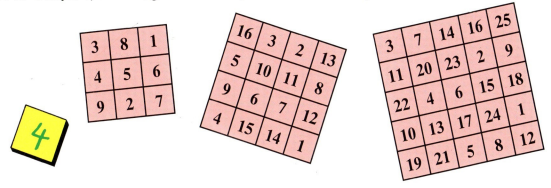

Aufgabe 2: Übertrage die Zauberquadrate ins Heft und ergänze die fehlenden Zahlen.

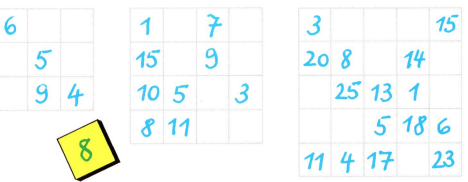

Aufgabe 3: Ergänze das Zauberquadrat, das die Zahlen von 490 bis 505 enthält. Die Summe der Zeilen, Spalten und Diagonalen ergibt jeweils die Jahreszahl der deutschen Wiedervereinigung.

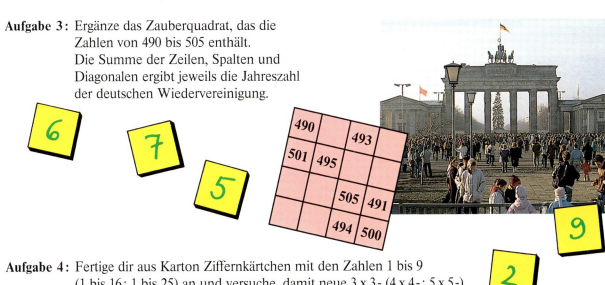

Aufgabe 4: Fertige dir aus Karton Ziffernkärtchen mit den Zahlen 1 bis 9 (1 bis 16; 1 bis 25) an und versuche, damit neue 3 x 3- (4 x 4-; 5 x 5-) Zauberquadrate zu legen.

TEST O ⊗ O

Lies vor dem Test die Hinweise auf Seite 4. Und dann: „Viel Erfolg beim Lösen der Aufgaben."

Leicht
Jede Aufgabe: 2 Punkte

Mittel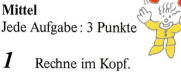
Jede Aufgabe: 3 Punkte

Schwierig
Jede Aufgabe: 4 Punkte

Leicht

1 Rechne im Kopf.
a) 145 + 13
b) 242 − 14
c) 11 · 12
d) 48 : 4

2 Rechne schriftlich mit Überschlagsrechnung.
a) 21 663 + 12 218
b) 23 937 − 12 842

3 Rechne schriftlich mit Überschlagsrechnung.
a) 1439 · 21
b) 3081 : 13

4 Berechne folgende Rechenausdrücke.
a) 1342 + 29 · 4
b) 14 352 − (8519 − 4167)

5 Ein Kinobesitzer hat bei einer Nachmittagsvorstellung 959 DM eingenommen. Wie viele Karten zu je 7 DM hat er verkauft?

Mittel

1 Rechne im Kopf.
a) 827 + 65
b) 132 · 100
c) 6400 : 800

2 Rechne schriftlich mit Überschlagsrechnung.
a) 14 687 + 38 511
b) 80 582 − 32 654

3 Notiere auch jeweils die Überschlagsrechnung.
a) Multipliziere die Zahlen 1217 und 230.
b) Dividiere 45 663 durch 37.

4 Berechne folgende Rechenausdrücke.
a) 27 612 − 320 : 8
b) (35 719 − 2812) − (8917 + 5621)

5 Frau Heinlein kauft ein Auto für 28 500 DM. Für ein Schiebedach muss sie noch 1200 DM extra bezahlen. Wie viel muss sie noch zuzahlen, wenn der Händler ihr altes Auto für 12 700 DM in Zahlung nimmt?

Schwierig

1 Rechne im Kopf.
a) 68 + 124 + 32
b) 700 − 72 − 17
c) 1032 · 1000
d) 84 000 : 700

2 Rechne schriftlich mit Überschlagsrechnung.
a) Bilde die Summe der Zahlen 7260, 9012 und 75 619.
b) Wie groß ist die Differenz der Zahlen 48 002 und 24 172?

3 Notiere auch jeweils die Überschlagsrechnung.
a) Berechne das Produkt der Zahlen 1102 und 2070.
b) 1345 · ◇ = 203 095

4 Berechne folgende Rechenausdrücke.
a) 3712 + 123 · 7 − 9
b) (82 507 − 480 · 5) − 540 : 6

5 Familie Fuchs zahlt monatlich 790 DM Miete. Für Heizung zahlt sie zusätzlich 125 DM und für Strom 85 DM monatlich. Wie viel bezahlt Familie Fuchs insgesamt in einem Jahr für Miete, Strom und Heizung?

Ermittle nun anhand der Lösungen auf Seite 138 deine erzielte Punktzahl.

3 Geometrie I

Lederschildkröten leben ausschließlich im Meer. Nur um ihre Eier abzulegen, begeben sich die Weibchen an Land. Während sich die Tiere im Meer sehr elegant fortbewegen können, ist die Bewegung an Land sehr anstrengend. Die bis zu 600 kg schweren erwachsenen Schildkröten erreichen nur mit Mühe die Nistplätze in den höher gelegenen Dünen. Sie schaufeln mit ihren Flossen Vertiefungen in den warmen Sand. Dort hinein legen sie ihre Eier. Gleich nach dem Schlüpfen zieht es die jungen Schildkröten ebenfalls ins Meer.
Beim Fortbewegen an Land zeichnen sie auffallende Muster in den Sand.

1 Gerade, Halbgerade und Strecke

Der Begriff „Geometrie" stammt aus der griechischen Sprache und bedeutet Erdmessung (Landmessung).
Erst 1820 legte man, um genauere Landkarten zeichnen zu können, ein verbundenes Netz von Dreiecken über das Land. Dazu musste **eine** Strecke als Grundmaß festgelegt und genau vermessen werden.
Der Tübinger Professor F. Bohnenberger wählte hierfür die 13 032,24 m lange und schnurgerade Allee von Schloss Solitude nach Ludwigsburg aus. Ein Gedenkstein erinnert noch heute an den einen Endpunkt in Ludwigsburg.

Gerade Linien haben in der Geometrie eine große Bedeutung. Unter den geraden Linien unterscheidet man **Gerade**, **Halbgerade** und **Strecke**.

Gerade: gerade Linie ohne Anfangs- und Endpunkt

Halbgerade: gerade Linie mit Anfangspunkt

Strecke: gerade Linie mit Anfangs- und Endpunkt

Beispiel 1: Gerade

Geraden werden immer mit Kleinbuchstaben (a, b, c, ...) bezeichnet. Da Geraden keine bestimmte Länge haben, kann man immer nur einen Ausschnitt der Geraden zeichnen.

Beispiel 2: Halbgerade

Bei der Halbgeraden wird der Anfangspunkt mit Großbuchstaben, die Halbgerade mit Kleinbuchstaben bezeichnet.

*Eine Halbgerade wird oft auch als **Strahl** bezeichnet.*

Beispiel 3: Strecke

Anfangs- und Endpunkt einer Strecke werden mit Großbuchstaben bezeichnet. Eine Strecke kann man auf zwei Arten bezeichnen:

1. Möglichkeit (mit Anfangs- und Endpunkt) $\overline{AB} = 3$ cm
2. Möglichkeit (mit Kleinbuchstaben) $a = 3$ cm

1 Betrachte die unten gezeichneten Linien genau. Ordne dann in deinem Heft zu.
Strecke: ...   Strahl: ...   Gerade: ...

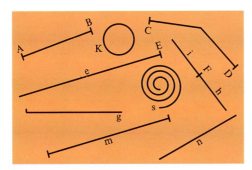

2 Nenne je drei weitere Begriffe aus dem Alltag, in denen das Wort
a) Strecke (Wegstrecke, ...),
b) Strahl (Sonnenstrahl, ...),
c) Gerade (geradeaus, ...)
vorkommt.

3 Zeichne die folgenden Strecken mit dem Geodreieck (Lineal).

a = 4 cm ⊢—————⊣

a) 3 cm   b) 6 cm   c) 8 cm   d) 10 cm
e) 15 cm f) 20 cm g) 75 mm h) 9,5 cm

4 Zeichne die folgenden Strecken. Achte dabei auf die Bezeichnung von Anfangs- und Endpunkt.
a) $\overline{AB} = 70$ mm   b) $\overline{CD} = 89$ mm
c) $\overline{EF} = 6,9$ cm   d) $\overline{PQ} = 120$ mm
e) $\overline{RS} = 18$ cm   f) $\overline{XY} = 25,4$ cm

5 a) Übertrage die nebenstehenden Punkte in dein Heft und verbinde sie in folgender Reihenfolge:

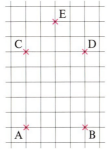

A, B, C, D, E, C, A, D, B

b) Miss und notiere die Längen der Teilstrecken.

$\overline{AB} = 20$ mm ; $\overline{BC} = ...$

Entziffere die Geheimschrift dadurch, dass du mit einem Auge flach über die Seite schaust.

6

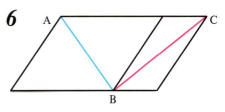

a) Schätze die Längen der Strecken $\overline{AB}$ und $\overline{BC}$.
b) Miss die geschätzten Längen nach.
c) Schätze und überprüfe folgende Strecken ebenso.

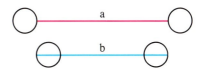

7 Versuche zu erklären weshalb man den Strahl auch „Halbgerade" nennt.

8 Übertrage diese Punkte ins Heft.

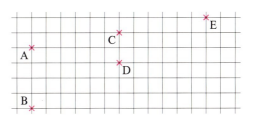

a) Zeichne zwei Geraden so ein, dass alle Punkte erfasst sind.
b) In welchem Punkt schneiden sich die beiden Geraden?
c) Durch die Punkte A bis E entstehen auf der Geraden Teilstrecken. Gib die Längen aller sechs Teilstrecken an.

9 Wie viele Schnittpunkte haben die folgenden drei Geraden a, b und c?

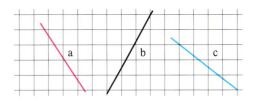

10 Zeichne jeweils drei Geraden, die
a) keinen Schnittpunkt,
b) einen Schnittpunkt,
c) zwei Schnittpunkte
haben.

Geometrie I

2 Senkrechte und parallele Linien

Die abgebildete Brücke wurde 1971 bei Frankfurt über den Main gebaut. Sie musste so konstruiert werden, dass die Schiffahrt möglichst wenig durch Brückenpfeiler behindert wird. Man entschied sich daher für eine Schrägseilbrücke. Die Seile sind hierbei in einem senkrecht stehenden Turm und in der Fahrbahn verankert. Die Besonderheit dieser Schrägseilbrücke liegt darin, dass die einzelnen Seile fast parallel zueinander verlaufen.

Gerade Linien können verschiedene Lagen zueinander haben: Sie können parallel verlaufen oder sich schneiden (Sonderfall: Sie schneiden sich senkrecht.).

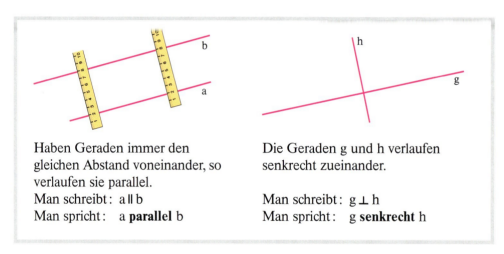

Haben Geraden immer den gleichen Abstand voneinander, so verlaufen sie parallel.
Man schreibt: a ∥ b
Man spricht: a **parallel** b

Die Geraden g und h verlaufen senkrecht zueinander.

Man schreibt: g ⊥ h
Man spricht: g **senkrecht** h

In Zeichnungen verwendet man für „senkrecht" oft auch das Zeichen .

Beispiel 1:

Zeichnen einer Geraden b, die zu einer gegebenen Geraden a **parallel** verläuft.

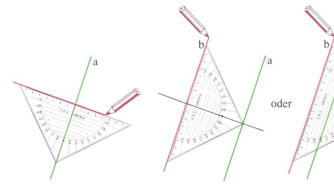

Beispiel 2:

Zeichnen einer Geraden h, die zu einer gegebenen Geraden g **senkrecht** verläuft.

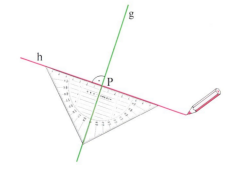

parallel?

1 Überlege, wo in deiner Umgebung
a) parallele,   b) senkrechte
Linien vorkommen.

2

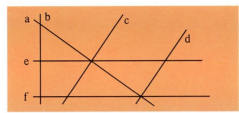

Prüfe mit dem Geodreieck, welche der Geraden zueinander
a) senkrecht,   b) parallel
sind. Notiere mit den Zeichen ⊥ und ∥.

3 Weshalb wird ein Zebrastreifen immer so angebracht, dass seine Richtung senkrecht zum Straßenrand verläuft?

richtig   falsch

info **ENTFERNUNG – ABSTAND**
Eine weitere Möglichkeit der Konstruktion von Hängebrücken zeigt folgende Skizze.

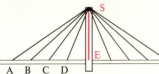

Die Punkte A, B, C, D und E auf der Fahrbahn haben verschiedene Entfernungen zur Spitze des Tragpfeilers (Punkt S). Es gibt allerdings eine kürzeste Entfernung, die Strecke $\overline{SE}$. Diese kürzeste Entfernung nennt man **Abstand**. Wie man den Abstand von zwei Parallelen misst, siehst du in der Zeichnung links.

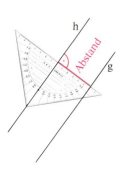

4 Zeichne alle großen Druckbuchstaben, in denen zueinander
a) parallele,   b) senkrechte
Strecken vorkommen. Kennzeichne die parallelen und senkrechten Strecken jeweils mit verschiedenen Farben.

5 Parallel?

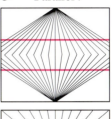
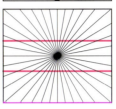
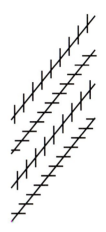

a) Überprüfe mit dem Geodreieck.
b) Suche ähnliche Beispiele.

6

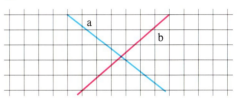

a) Übertrage die Geraden a und b in dein Heft. Zeichne zu a und b im Abstand von 2 cm (4 cm; 6 cm; 8 cm; 10 cm) jeweils eine Parallele.
b) Zeichne eine entsprechende Figur, bei der aber die Geraden a und b senkrecht zueinander stehen. Zeichne auch hier jeweils 5 Parallelen (Abstand 2 cm) ein.

7 Übertrage die Figur ins Heft und setze die Zeichnung um 6 Strecken fort.

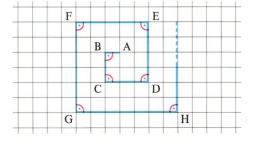

Geometrie I

3 Quadratgitter

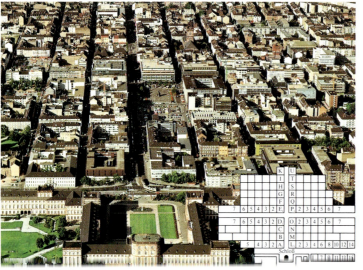

Mannheim – Stadt der Quadrate
Im 18. Jahrhundert ließ der pfälzische Kurfürst Karl Philipp die „Quadratestadt" Mannheim planen und bauen. Eine große Straßenkreuzung teilt die Stadt in vier Gebiete, die in kleine Quadrate aufgeteilt sind. Jedes dieser Quadrate ist durch Buchstaben und Zahlen (z. B. C 7) gekennzeichnet.
In der Geometrie (Mathematik) ist es ebenfalls oft notwendig bestimmte Stellen einer Fläche eindeutig zu bezeichnen. Allerdings beschreibt man dabei, im Unterschied zu unserem Beispiel Mannheim, bestimmte **Punkte** mit Hilfe von Zahlen.

Dabei wird ein Quadratgitter verwendet, bei dem eine **Rechtsachse** und eine **Hochachse** senkrecht zueinander stehen. Der Schnittpunkt dieser beiden Achsen heißt **Nullpunkt**. Er ist Ausgangspunkt für das Abzählen im Quadratgitter.

Markiere einen Punkt immer so: ×

Der Punkt P wird durch folgendes Zahlenpaar beschrieben: **P (3|2)**

Rechtswert   Hochwert

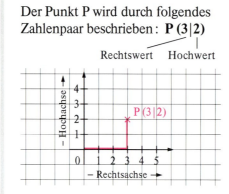

Die erste Zahl (Rechtswert) gibt an, wie weit man vom Nullpunkt aus auf der Rechtsachse gehen muss.
Die zweite Zahl (Hochwert) gibt an, wie weit man in Richtung Hochachse gehen muss.

Wichtig: Zuerst Rechtswert, dann Hochwert.

Beispiel 1:

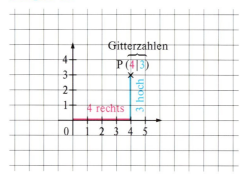

Beim Schreiben darf die Reihenfolge Rechtswert vor Hochwert nicht vertauscht werden.

Beispiel 2:

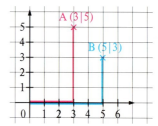

Punkt A wird durch den Rechtswert 3 und den Hochwert 5 beschrieben: A (3|5).
Punkt B hat den Rechtswert 5 und den Hochwert 3: B (5|3).

1 Übertrage dieses Quadratgitter in dein Heft und gib die Gitterzahlen der einzelnen Punkte an, z. B. A (2|1).

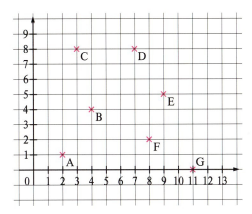

2 Trage die Punkte P (3|2), Q (7|1), R (8|5) und S (4|6) in deinem Heft in ein Quadratgitter ein. Verbinde dann jeden Punkt mit jedem anderen.

3 a) Notiere dir die Gitterzahlen der Punkte A, B, C und D. Übertrage dann die Figur in dein Heft.

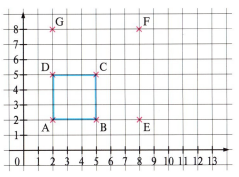

b) Übertrage auch die Punkte E, F und G ins Heft. Bestimme ihre Gitterzahlen.
c) Zeichne folgenden Streckenzug ein: A, E, F, G, A. Wie groß ist das Viereck AEFG im Vergleich zum Viereck ABCD?

Einen Streckenzug zeichnen heißt: die Punkte in der angegebenen Reihenfolge verbinden.

4 a) Zeichne folgende Punkte in ein Quadratgitter und verbinde sie in alphabetischer Reihenfolge.

A (2|2)   B (7|2)   C (4|6)

b) Trage die Punkte D (4|1), E (7|5) und F (1|5) ebenfalls in dieses Quadratgitter ein und verbinde sie entsprechend.

5

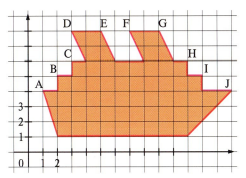

Gib die Gitterzahlen der eingezeichneten Punkte an.

6 Zeichne in einem Quadratgitter durch den Punkt Z (4|6) eine Parallele zur Hochachse und eine Parallele zur Rechtsachse.

7 Trage die Punkte A (2|3) und B (10|5) in ein Quadratgitter ein. Welche Gitterzahlen hat Punkt C, der genau in der Mitte der Strecke $\overline{AB}$ liegt?

8

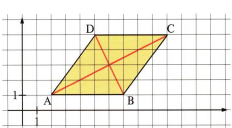

Die Strecken $\overline{AC}$ und $\overline{BD}$ heißen Diagonalen dieses Vierecks.
a) Gib die Gitterzahlen der Punkte A, B, C und D an.
b) Wie lauten die Gitterzahlen des Diagonalenschnittpunkts?
c) Wie stehen die beiden Diagonalen zueinander?

9 Die Punkte A (2|1), B (7|1), C (7|4) und D (2|4) sind die Eckpunkte eines Vierecks.
a) Wie viele Gitterpunkte liegen innerhalb des Vierecks?
b) Benenne diese Gitterpunkte und schreibe ihre Gitterzahlen auf.

Geometrie I

10 Übertrage ins Heft.

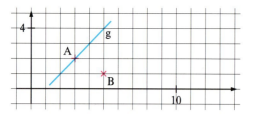

a) Zeichne eine Parallele zu der Geraden g durch den Punkt B.
b) Gib die Koordinaten von 3 weiteren Punkten an, die auf dieser Parallelen liegen.

„Koordinaten" ist ein anderes Wort für „Gitterzahlen".

11

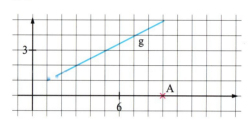

a) Zeichne mit dem Geodreieck im Heft eine Senkrechte zu g, die durch den Punkt A geht. Nenne sie h.
b) Gib die Gitterzahlen des Schnittpunktes beider Geraden an.
c) Gib die Koordinaten von 3 weiteren Punkten an, die auf der Geraden h liegen.

12

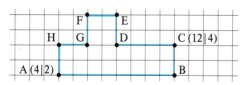

a) Gib die fehlenden Gitterzahlen der gekennzeichneten Punkte an.
b) Übertrage die Figur ins Heft. Beginne mit dem Einzeichnen der Rechts- und Hochachse.

13 Dieses Schild informiert die Feuerwehr darüber, dass 8,5 m vor dem Schild und 3,4 m nach links ein Hydrant mit einem Wasseranschluss von 200 mm Durchmesser ist. Wie müsste ein Schild aussehen, wenn der Hydrant 6,8 m vor und 11,3 m links vom Schild liegt?

Orientierung auf einem Stadtplan

Das Wort „Orientierung" hat seinen Ursprung im lateinischen Wort „oriens", was so viel wie aufgehende Sonne (Osten) bedeutet. Heute hat es die Bedeutung von „sich zurechtfinden".
Eine Hilfe sich in einer fremden Stadt zurechtzufinden ist der Stadtplan.

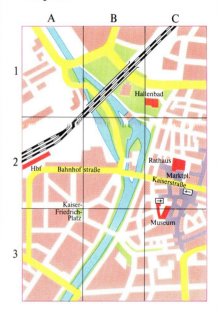

Ein Stadtplan besteht aus einem Kartenteil und einem Straßen- bzw. Gebäudeverzeichnis. Als Orientierungshilfe ist über den Stadtplan ein Gitternetz gelegt, das die Stadt in rechteckige Gebiete einteilt. Jedes Rechteck lässt sich mit den am Rand vermerkten Buchstaben und Ziffern eindeutig beschreiben. So wird z. B. das Rechteck rechts oben in unserem Stadtplan mit C 1 bezeichnet.
Beachte, dass auf Stadtplänen (Landkarten) mit Hilfe von **Buchstaben und Zahlen** nicht einzelne Punkte, sondern ganze **Gebiete** gekennzeichnet werden.

4 Achsenspiegelung und Symmetrie

Die Turnerin wurde gerade in dem Moment fotografiert, als sie in ihrer Turnübung eine (fast) symmetrische Haltung einnahm. Dies bedeutet, dass die rechte Körperhälfte in ihrer Haltung der linken Körperhälfte entsprach.

Symmetrie liegt in vielen alltäglichen Dingen unserer Umwelt vor. Besonders gut zu erkennen ist die Symmetrie bei Autos, Flugzeugen oder Schlössern und Kirchen. Auch die Natur bietet uns viele (fast) symmetrische Formen. Denke nur an den Aufbau von Blüten oder an das Aussehen von Schmetterlingen.

Besteht eine Figur aus zwei Hälften, die sich beim Zusammenfalten genau decken, so ist die Figur achsensymmetrisch.
Die Faltlinie nennt man **Symmetrieachse** oder **Spiegelachse**.
Symmetrische Figuren lassen sich durch Falten oder Durchpausen herstellen.
Man kann sie aber auch mit Hilfe der Achsenspiegelung zeichnen.

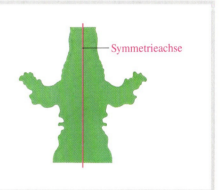

Beispiel 1: Achsenspiegelung mit Abzählen von Gitterpunkten

Bei eckigen Figuren genügt es die Eckpunkte zu spiegeln und dann die Verbindungslinien zu zeichnen.

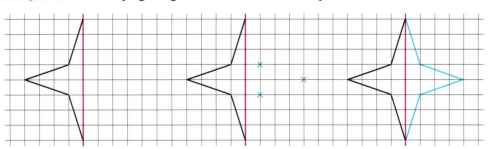

Beispiel 2: Achsenspiegelung mit dem Geodreieck

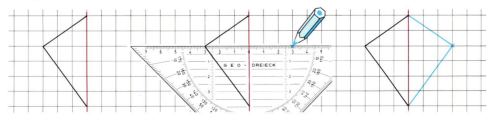

Geometrie I

1 a) Falte ein Stück kariertes Papier in der Mitte — entlang einer Gitterlinie. Zeichne diese Gitterlinie farbig nach. Stelle nun mit Wasserfarben ein Klecksbild her.
b) Markiere auf der linken Bildseite 6 Randpunkte der Klecksfigur und überprüfe die Symmetrie durch Auszählen der entsprechenden Gitterpunkte auf der rechten Bildseite.

2 Stelle, wie in Aufgabe 1 beschrieben, drei weitere Klecksbilder her. Überprüfe auch hier jeweils die Symmetrie.

3 Übertrage die nebenstehende Figur auf ein gefaltetes, kariertes Blatt. Achte darauf, dass die gefalteten Hälften genau aufeinander liegen. Schneide nun die Figur aus und entfalte anschließend das Papier. Was kannst du über die entstandene Figur sagen?

4 Schneide, wie in Aufgabe 3 beschrieben, folgende symmetrische Figuren aus:
a) einen Baum, b) ein Blatt,
c) einen Stern, d) einen Schmetterling.

5 Übertrage folgende Teilfiguren in dein Heft und ergänze jeweils zu einer achsensymmetrischen Figur.

6 Ergänze in deinem Heft zu achsensymmetrischen Figuren.

7 Welche der folgenden Verkehrszeichen, Flaggen und Landeswappen sind achsensymmetrisch
a) nach Form,
b) nach Form und Gestaltung?

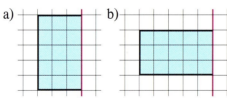

Vorgeschriebene Vorbeifahrt rechts   Verbot der Einfahrt   Überholverbot für Kfz aller Art

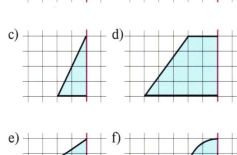

USA   Venezuela   Senegal

Rheinland-Pfalz   Nordrhein-Westfalen

8 Schreibe deinen Vornamen (Nachnamen) mit großen Buchstaben (A, B, C, ...). Zeichne erkennbare Symmetrieachsen farbig ein. Beachte dabei, dass bei manchen Buchstaben auch mehrere Symmetrieachsen vorkommen können.

74   *Geometrie I*

9 Es gibt auch Wörter, die achsensymmetrisch sind.

a) Notiere drei weitere achsensymmetrische Wörter.
b) Sind die Wörter „ANNA", „RETTER" und „LAGERREGAL" auch achsensymmetrisch? Begründe deine Antwort.
c) Den Satz „Ein Esel lese nie" kann man vorwärts und rückwärts lesen. Ist er in großen Druckbuchstaben geschrieben achsensymmetrisch?

10 Übertrage folgende Figuren ins Heft. Trage zuerst die Symmetrieachsen ein und gib dann jeweils deren Anzahl an.

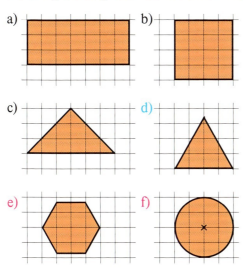

11 Ergänze in deinem Heft zu achsensymmetrischen Figuren.

Überprüfe deine Lösung mit einem Spiegel, den du senkrecht auf die Symmetrieachse (Spiegelachse) hältst.

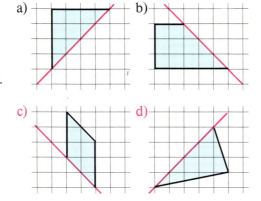

Der Mensch — ein symmetrisches Wesen?

Der Mensch erscheint uns immer als symmetrisches Wesen. Man geht davon aus, dass die rechte Körperhälfte nach ihrem äußeren Aussehen der linken Körperhälfte entspricht. Die folgende „Fotomontage" zeigt jedoch etwas anderes.

Das Foto des Gesichts rechts ist das Original. Durch Zerschneiden längs der Mittellinie und anschließende Spiegelung wurde es zu den beiden Gesichtern links. Diese sind jetzt zwar symmetrisch, wirken aber sehr unnatürlich. Menschen, Tiere, aber auch Pflanzen erscheinen oft symmetrisch — sind es aber doch nicht.

12 Keine Schneeflocke ist gleich der anderen. Dennoch haben sie eines gemeinsam: Sie bestehen aus sechseckigen Kristallen. Wie viele Symmetrieachsen siehst du in solch einem Kristall?

Geometrie I **75**

5 Verschiebung

Schlangen kriechen normalerweise vorwärts. Nur die Zwergpuffotter (Südafrika) bewegt sich seitwärts, wenn sie besonders schnell vorankommen will. Dabei hebt sie den vorderen Teil des Körpers an, schwingt ihn zur Seite und legt ihn parallel zur alten Lage nieder. Anschließend schwingt sie den hinteren Körperteil nach.
Da alle Abdrücke der Schlange im Sand (fast) gleich sind, könnte man meinen, die Schlange sei seitwärts gesprungen.

Wird ein Gegenstand oder eine Figur in eine bestimmte Richtung bewegt, so spricht man in der Geometrie von einer **Verschiebung**.

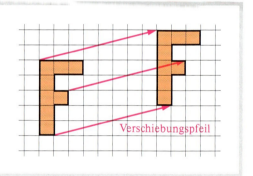

Bei einer Verschiebung wird jeder Punkt einer Figur **gleich weit** und in die **gleiche Richtung** verschoben. Die Verschiebung wird durch den Verschiebungspfeil dargestellt.
Alle Pfeile einer Verschiebung sind gleich lang und haben die gleiche Richtung.

Bei eckigen Figuren genügt es die Eckpunkte zu verschieben und die Bildfigur dann zu ergänzen.

Beispiel:

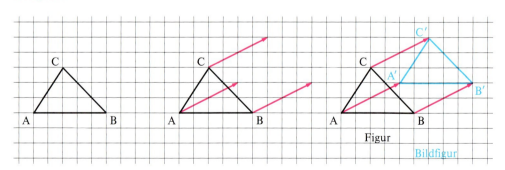

Das Dreieck wurde verschoben um:

— 4 Kästchen nach rechts und   **oder kurz**   4 nach rechts

— 2 Kästchen nach oben   2 nach oben

76 *Geometrie I*

1 Übertrage die Figuren ins Heft und zeichne jeweils einen Verschiebungspfeil ein.

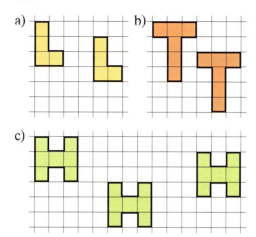

d) Gib mit Hilfe der Kästchen an, wie die Figuren verschoben werden.

2 Verschiebe die unten stehenden Figuren jeweils dreimal. Beachte den eingezeichneten Verschiebungspfeil.

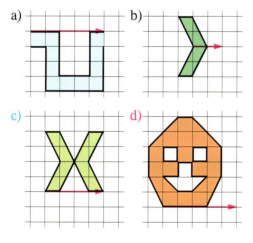

3 Zeichne die nachfolgenden Figuren in dein Heft und verschiebe sie jeweils fünfmal nacheinander um

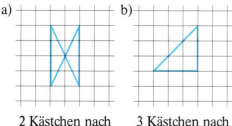

a) 2 Kästchen nach rechts,

b) 3 Kästchen nach rechts.

4 Verschiebe auch diese Figuren wie angegeben jeweils fünfmal:

a) 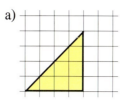 2 Kästchen nach rechts und 2 Kästchen nach unten.

b) 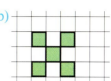 3 Kästchen nach rechts und 1 Kästchen nach unten.

5 Die folgenden „Figurenpaare" sollen durch eine Verschiebung entstanden sein.

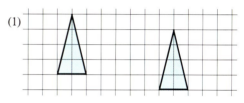

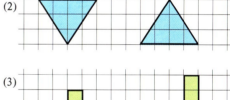

a) Stimmt das wirklich?
b) Gib, wenn möglich, den Verschiebungspfeil an. Beschreibe ihn mit Hilfe der Karos.

6 Partnerarbeit!
Zeichne drei Figuren auf ein kariertes Blatt und gib jeweils den Verschiebungspfeil so an, dass sich die ursprüngliche Figur und die Bildfigur nicht berühren. Dein Partner soll nun die Verschiebung durchführen.
Kontrolliert die Lösungen anschließend gemeinsam.

Geometrie I **77**

7 Verschiebe die folgenden Figuren in deinem Heft. Beachte jeweils den vorgegebenen Verschiebungspfeil.

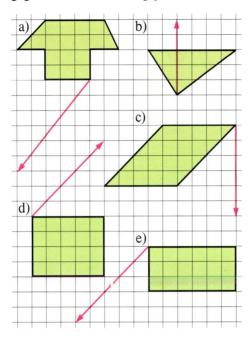

8 Dieses Muster ist durch Verschiebung entstanden.

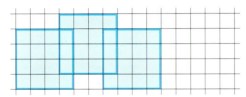

Übertrage das Muster ins Heft. Zeichne dann die beiden Verschiebungspfeile ein und setze das Muster um 3 Quadrate fort.

9 Bilde aus dem folgenden Rechteck durch zwei nacheinander durchzuführende Verschiebungen (vgl. Aufgabe 8) ein Muster. Das fertige Muster soll aus 5 Rechtecken bestehen.

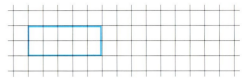

1. Verschiebung: 5 Kästchen nach rechts und 2 Kästchen nach oben.
2. Verschiebung: 5 Kästchen nach rechts und 2 Kästchen nach unten.

10 Trage folgende Punkte in ein Quadratgitter ein:
A (1|3); B (3|1); C (5|3); D (3|5).
Verbinde die Punkte der Reihe nach zu einer Raute.
a) Bilde ein Muster, indem du die Raute nacheinander viermal um 4 Karos nach rechts verschiebst.
b) Wie lauten die Gitterzahlen (Koordinaten) der 5. Raute?

11 Durch Verbinden der folgenden Punkte in einem Quadratgitter entsteht eine „T-förmige" Figur:
A (1|5); B (1|4); C (2|4); D (2|1);
E (3|1); F (3|4); G (4|4); H (4|5).
Bilde ein Muster durch fünfmaliges Verschieben nach der Vorschrift „2 nach rechts und 1 nach oben".

Vor ungefähr 5000 Jahren lebte das Volk der Sumerer im Zweistromland zwischen Euphrat und Tigris. Für den damals üblichen Tauschhandel brauchte man Gebrauchsgefäße, aber auch wertvolle Ziergefäße. Solche Gefäße verzierte man oft mit „Bandornamenten", die man mit Rollsiegeln in den Ton eindrückte.

Geometrie I

6 Vermischte Aufgaben

1 Worin unterscheiden sich Strecke, Halbgerade und Gerade?

2 Zeichne folgende Punkte in ein Quadratgitter:
A (1|2); B (4|6); C (7|10); D (7|2).
Miss die Längen folgender Strecken und gib sie in Millimetern an:
$\overline{AB}$, $\overline{BC}$, $\overline{CD}$, $\overline{AD}$, $\overline{AC}$ und $\overline{BD}$.

3 Übertrage die Gerade g mit dem Punkt A in dein Heft.

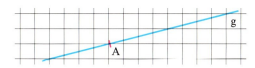

a) Zeichne eine zu g parallele Gerade h im Abstand von 3 cm.
b) Zeichne durch den Punkt A eine Gerade i, die zu g senkrecht verläuft.
c) Wie verlaufen die Geraden h und i zueinander?

4 Welche Abstände haben die Punkte A bis F jeweils von der Geraden g? Übertrage zuerst ins Heft und miss dann.

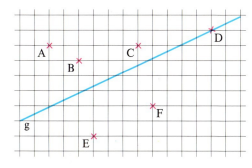

5 Wie lauten die Gitterzahlen der markierten Punkte?

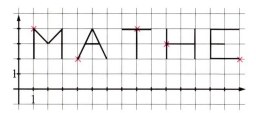

6 Zeichne folgende Punkte in ein Quadratgitter:
A (2|5); B (4|5); C (4|1); D (5|2);
E (6|1); F (6|5); G (8|5); H (5|8).
Verbinde die Punkte in der Reihenfolge A, B, C, D, E, F, G, H, A.

7 Zeichne in einem Quadratgitter durch den Punkt A (3|4) eine Senkrechte zur Hochachse und eine Parallele zur Rechtsachse.

8 a) Auf welchem Fahrzeug findest du diese Aufschrift?

TZRATON

b) Warum wird hier die Spiegelschrift verwendet?

9 Zeichne die Figuren ab und verschiebe jede Figur 3-mal, so dass ein Muster entsteht.

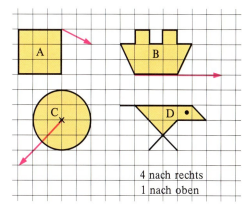

4 nach rechts
1 nach oben

10 Zeichne das Viereck mit den Eckpunkten A (1|1); B (4|2); C (4|6) und D (1|4) in ein Quadratgitter. Verschiebe das Viereck so, dass A auf den Gitterpunkt A' (7|1) fällt. Welche Gitterzahlen haben die anderen Eckpunkte des neuen Vierecks?

DAUMENKINO

Wie lernten die Bilder laufen?

Filme, die wir heute im Kino sehen, bestehen aus vielen Einzelbildern. In einer Sekunde erscheinen 24 Bilder nacheinander auf der Leinwand. Dabei folgen die Bilder so schnell aufeinander, dass unser Auge die einzelnen Bilder nicht mehr unterscheiden kann. So entstehen „bewegte Bilder". Für einen Zeichentrickfilm müssen viele tausend Bilder gezeichnet werden.

Ein einstündiger Zeichentrickfilm hat folgende Bilderanzahl:
in einer Sekunde: 24 Bilder,
in einer Minute:
60 · 24 Bilder = 1440 Bilder,
in einer Stunde:
60 · 1440 Bilder = 84 400 Bilder.
Für eine Stunde Film müssen also 86 400 Zeichnungen angefertigt werden.
1928 erfand Walt Disney die Trickfigur Mickey Mouse. Sie verhalf dem Trickfilm zu weltweitem Erfolg.

Daumenkino

Das sogenannte Daumenkino ist die einfachste Art, „bewegte Bilder" herzustellen. Die einzelnen Filmszenen werden auf verschiedene Blätter eines Blocks gezeichnet. Sie können mit Hilfe des Daumens „vorgeführt" werden.

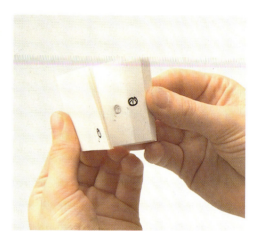

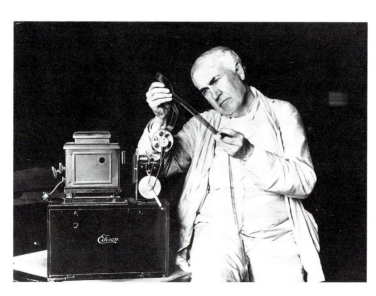

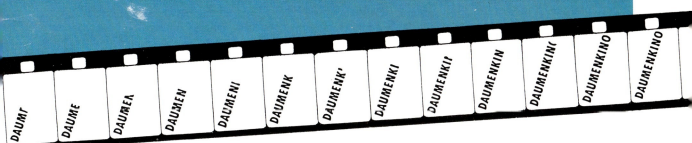

Vom Punkt zur Fläche – ein Daumenkinofilm

Nach folgender Materialliste und Bauanleitung kannst du dir selbst ein „Daumenkino" basteln.

Materialliste
- Papierblock mit etwa 20 Blatt (Länge, Breite: 10 cm)
- Nadel
- Schere
- Buntstift
- Geodreieck
- Hefter mit Heftklammern

Bauanleitung

Wie du auf den Abbildungen sehen kannst, zeichnet man auf das erste Blatt nur einen Punkt. Auf dem zweiten Blatt geht von dem Punkt schon eine kleine Linie aus. Sie wird von Blatt zu Blatt länger, bis auf dem letzten Blatt ein Rechteck zu sehen ist. Je geringer die Veränderungen von Blatt zu Blatt sind, desto besser wird dein „Film".

Es ist wichtig, dass die Ecken des Rechtecks auf jedem Blatt an der gleichen Stelle sind. Du kannst sie kennzeichnen, indem du mit einer Nadel an den Eckpunkten des Rechtecks durch die verwendeten Blätter stichst.

Nachdem alle Zeichnungen fertig sind, werden die Blätter in der richtigen Reihenfolge zusammengeheftet.

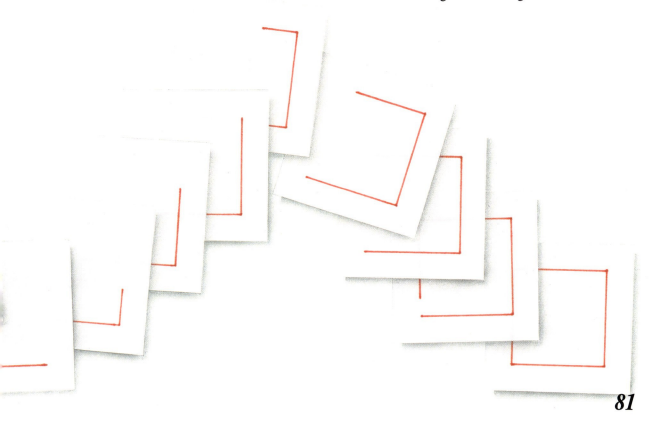

TEST

Lies vor dem Test die Hinweise auf Seite 4. Und dann: „Viel Erfolg beim Lösen der Aufgaben."

| **Leicht** Jede Aufgabe: 2 Punkte | **Mittel** Jede Aufgabe: 3 Punkte | **Schwierig** Jede Aufgabe: 4 Punkte |

Leicht

1 Zeichne mit dem Geodreieck eine Gerade durch C in dein Heft, die zu $\overline{AB}$ senkrecht verläuft.

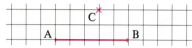

2 Zeichne 3 Geraden, die drei Schnittpunkte haben.

3 Übertrage die Teilfigur in dein Heft und ergänze zu einer achsensymmetrischen Figur.

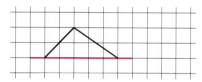

4 Verschiebe die Figur 3-mal. Beachte den Verschiebungspfeil.

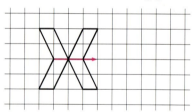

5 Zeichne die Symmetrieachsen ein.

Mittel

1 Übertrage die Strecke $\overline{AB}$ ins Heft und zeichne durch C eine Senkrechte zu $\overline{AB}$.

2 Zeichne 3 Geraden, die zwei Schnittpunkte haben.

3 Übertrage die Teilfigur in dein Heft und ergänze zu einer achsensymmetrischen Figur.

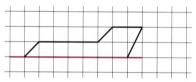

4 Verschiebe die Figur 5-mal wie folgt: 3 Kästchen nach rechts und 1 Kästchen nach oben.

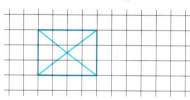

5 Schreibe alle großen Druckbuchstaben des Alphabets in dein Heft, die mehr als eine Symmetrieachse haben.

Schwierig

1 Zeichne eine Senkrechte zu $\overline{AB}$ durch C und eine Parallele zu $\overline{AB}$ im Abstand von 3 cm.

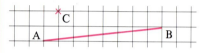

2 Zeichne 3 Geraden, die einen Schnittpunkt haben.

3 Übertrage die Teilfigur in dein Heft und ergänze zu einer achsensymmetrischen Figur.

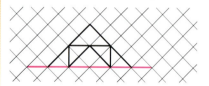

4 Zeichne einen Verschiebungspfeil ein und beschreibe ihn mit Hilfe der Kästchen.

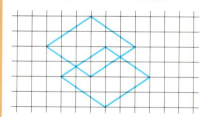

5 Ein symmetrisches Sechseck hat die Eckpunkte A (1|3), B (2|1), C (4|1) und D (5|3). Eine Symmetrieachse geht durch A und D. Zeichne das vollständige Sechseck in ein Quadratgitter.

Ermittle nun anhand der Lösungen auf Seite 139 deine erzielte Punktzahl.

4 Sachrechnen

... und fliegt trotzdem!

Die Concorde wiegt 185 t und kann 100 Passagiere 6565 km weit befördern. Sie hat eine Spannweite von 25,56 m und ist 62,13 m lang.
Die Reisegeschwindigkeit in 18 km Höhe beträgt 2200 km in der Stunde.

Für einen Flug von Paris nach New York benötigt die Concorde nur 3 h 45 min. Der Hin- und Rückflug von Frankfurt über Paris nach New York kostet fast 10 000 DM.

1 Schätzen und Messen

Oft kann man die Größe oder Höhe eines Gegenstandes nicht bestimmen, da eine Vergleichsgröße dafür fehlt. Eine solche Vergleichsgröße kann z. B. eine Tür, ein Streichholz oder ein Mensch sein. Damit kann man dann den anderen Gegenstand vergleichen und so seine Größe schätzen.
Auf den Fotos links fehlen die Vergleichsgrößen. Man könnte annehmen, Elefant und Ameise seien gleich groß. In Wirklichkeit ist der Elefant jedoch etwa 3 m hoch, die Ameise hier aber nur 10 mm.

Will man eine Größe genau bestimmen, so muss sie mit einer festgelegten Einheit verglichen werden.

> Schätzen : Vergleichen mit etwas Bekanntem um das Maß dann ungefähr anzugeben.
>
> Messen : Vergleichen mit einer festgelegten Maßeinheit.

Beim Messen von Längen ist z. B. der Meter eine festgelegte Maßeinheit, beim Messen von Gewichten ist dies z. B. das Kilogramm.

Beispiel 1 : Schätze die Höhe von Haus und Baum. Vergleiche mit dem etwa 2 m großen Menschen.

Beispiel 2 : Miss nun die Höhe des Hauses und des Baumes. Vier Millimeter auf deinem Lineal entsprechen einem Meter in Wirklichkeit.

Strecken gleich lang?

84 *Sachrechnen : Längen, Gewicht, Zeit, Geld*

1 Schätze die Länge der Nägel und miss dann nach. Schreibe so:

Geschätzter Wert	Gemessener Wert

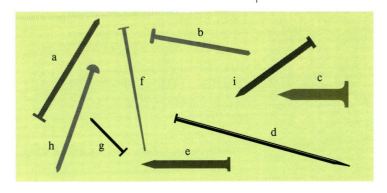

2 Schätze jeweils das Gewicht (das Alter) der drei Angler.

3 Schätze und miss dann nach:
a) die Höhe der Klassenzimmertür,
b) die Länge (Breite, Höhe) des Klassenzimmers,
c) das Gewicht deiner Schultasche,
d) die Länge deines Fußes (deiner Hand, eines Bleistiftes).

Schätzhilfen:
1 kg – 1 ℓ Milch
1 t – Pkw
1 m – Tafelhöhe

4 Schätze, in wie viele 0,2-ℓ-Gläser der Inhalt einer Literflasche passt. Überprüfe durch Umfüllen.

5 Vergleiche die beiden Figuren. Welche ist größer?

6 Zeichne ohne zu messen vier Strecken (3 cm; 7 cm; 15 cm; 25 cm) auf ein unliniertes Blatt.
Überprüfe durch Nachmessen.

7 Sind auf einer Seite deines Mathematikhefts mehr oder weniger als 1000 Kästchen? Schätze zuerst und zähle dann geschickt aus.

8 Schätze die Länge und Breite deines Schultisches. Miss nach.

9 Wie viele Stunden verbringst du in diesem Monat in der Schule? Schätze auch hier zuerst und rechne dann nach.

10 Schätze, wie viele Bienen auf dem Foto sind.

Sachrechnen: Längen, Gewicht, Zeit, Geld

2 Längen

Um Streitigkeiten über verschiedene Längenmaße zu vermeiden stellten sich Bürger einer Gemeinde hintereinander und ermittelten z. B. aus 16 Fußlängen die Längeneinheit „Rute".
Diese Längeneinheit war dann für alle Bürger dieser Gemeinde verbindlich, aber von Gemeinde zu Gemeinde immer noch verschieden.
1799 einigte man sich schließlich in Paris auf das einheitliche Grundmaß Meter (m) als 40-millionsten Teil des Erdumfangs.
Der damit bestimmte Urmeter aus Metall liegt heute in Sèvres bei Paris.

Die Grundeinheit unserer Längenmaße ist 1 **Meter** (m).
Weitere Längenmaße sind Millimeter (mm), Zentimeter (cm), Dezimeter (dm) und Kilometer (km).

$$\underset{\text{Maßzahl}\;\;\text{Maßeinheit}}{7\;\;\text{m}}$$

1 km = 1000 m; 1 m = 10 dm; 1 dm = 10 cm; 1 cm = 10 mm

Die **Umrechnungszahl** bei den Längenmaßen ist **10**. Zwischen km und m gilt aber die Umrechnungszahl 1000. Die dazwischen liegenden Längenmaße hm und dam werden kaum verwendet.

1 km = 10 hm
1 hm = 10 dam
1 dam = 10 m
1 m = 10 dm
1 dm = 10 cm
1 cm = **10 mm**

Die Schreibweise 3 km 500 m nennt man gemischte Schreibweise.

Komma-schreibweise: Statt 17 km 453 m schreibt man auch kürzer 17,453 km.

Beispiel 1: a) 15 m = 150 dm   b) 400 cm = 40 dm

Beispiel 2: a) 3 m = 300 cm   b) 3500 m = 3 km 500 m

Beispiel 3: a) 7 m = 7000 mm   b) 15 000 mm = 15 m

Beispiel 4: a) 7,65 m = 7 m 65 cm   b) 3560 cm = 35,60 m

Sachrechnen: Längen, Gewicht, Zeit, Geld

Millimeter:
*der **tausendste** Teil eines Meters*

*Zenti*meter:
*der **hundertste** Teil eines Meters*

*Dezi*meter:
*der **zehnte** Teil eines Meters*

1 a) Ordne die folgenden Gegenstände der Länge nach. Beginne mit der kleinsten Länge.
Ein Pkw; ein Regenwurm; ein Lkw; ein Streichholz; die Breite eines Fahrradweges; ein Bett.
b) Gib die geschätzten Längen dieser Gegenstände an.

2 Nenne je 3 Gegenstände, die ungefähr folgende Längen haben:
1 mm; 1 cm; 1 dm; 1 m; 5 m; 10 m.

3 Wandle um
40 cm = 400 mm
a) in mm: 9 cm; 14 cm; 560 cm
b) in cm: 6 dm; 480 dm; 452 dm
c) in dm: 4 m; 21 m; 150 m; 198 m
d) in m: 2 km; 12 km; 135 km

4 Wandle um
350 dm = 35 m
a) in m: 50 dm; 370 dm; 5800 dm
b) in dm: 70 cm; 8800 cm; 90 900 cm
c) in cm: 110 mm; 2500 mm; 1350 mm
d) in km: 15 000 m; 21 000 m; 100 000 m

5 Wandle schrittweise um
700 mm = 70 cm = 7 dm

a) in dm	b) in m	c) in km
7000 mm	8500 cm	9000 m
10 500 mm	23 700 cm	13 000 m
37 800 mm	73 620 cm	29 000 m
300 500 mm	101 400 cm	500 m

6 Wandle in die angegebene Einheit um.
7 m 8 dm = 70 dm + 8 dm = 78 dm
a) in dm: 10 m 5 dm; 23 m 8 dm; 99 m 12 dm; 211 m 96 dm
b) in mm: 140 cm 3 mm; 91 cm 7 mm; 7 cm 12 mm; 29 cm 57 mm
c) in cm: 2 m 2 dm; 9 m 12 dm; 13 m 21 dm; 87 m 78 dm
d) in mm: 4 dm 1 cm; 13 dm 9 cm; 101 dm 12 cm; 209 dm 109 cm
e) in cm: 2 m 9 cm; 17 m 14 cm; 31 m 91 cm; 199 m 75 cm
f) in m: 4 km 231 m; 12 km 43 m; 27 km 103 m; 111 km 111 m

1 dm

1 cm

1 mm

7

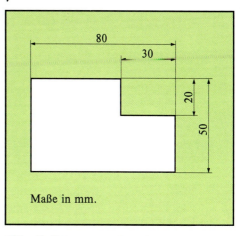

Maße in mm.

Gib alle Längenangaben in cm an.

8 Schreibe in der gemischten Schreibweise.
75 dm = 7 m 5 dm
a) 91 dm; 69 dm; 101 dm; 797 dm
b) 901 cm; 1050 cm; 2578 cm; 5736 cm
c) 10 mm; 350 mm; 2605 mm; 4750 mm

9 Wandle in die gemischte Schreibweise um.
3050 mm = 3000 mm + 50 mm
= 30 dm 5 cm
a) 3470 mm = ◇ dm ◇ cm
5160 mm = ◇ dm ◇ cm
19 730 mm = ◇ dm ◇ cm
b) 4090 cm = ◇ m ◇ dm
23 920 cm = ◇ m ◇ dm
125 120 cm = ◇ m ◇ dm

10 Gib das Ergebnis immer in m an. Benutze die Kommaschreibweise.
7150 mm = 715 cm = 7 m 15 cm = 7,15 m
a) 8900 mm; 1350 mm; 17 750 mm
b) 150 cm; 244 700 cm; 21 720 cm
c) 77 505 dm; 93 456 dm; 105 609 dm

11 Übertrage die Tabelle in dein Heft und ergänze die fehlenden Werte.

	m	dm	cm	mm
	1,5	15	150	1500
a)	2,5			
b)		300		
c)			550	
d)				1000

Sachrechnen: Längen, Gewicht, Zeit, Geld

1 Klafter
= 4 Ellen
= 6 Fuß
= 8 Spannen
= 24 Handbreiten
= 96 Fingerbreiten

Früher dienten häufig Arme, Beine oder die Finger des Menschen zum Messen von Längen.
Da diese Körperteile aber nicht immer gleich lang waren, gab es oft Streitigkeiten. Es wurden schließlich Einheitslängen an Gebäuden, oft an Kirchen, angebracht, an die sich alle Bürger halten mussten.
In England wurde z. B. von König Heinrich I. die Länge seines Armes als Längeneinheit festgesetzt. Die Einheit wurde yard genannt und ist heute in manchen Ländern noch gebräuchlich.

(1 yard ≈ 91 cm;
1 yard = 3 feet = 36 inches)

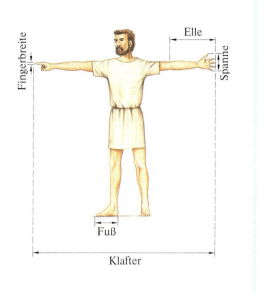

12 Übertrage in dein Heft und setze <, =, >. Wandle, wenn nötig, in kleinere Einheiten um.

7,40 m > 704 cm, da 740 cm > 704 cm

a) 13,50 m ☐ 1350 cm
7,60 m ☐ 706 cm
21,55 m ☐ 21 050 cm
0,75 m ☐ 750 mm

b) 15 dm ☐ 150 cm
756 dm ☐ 75 600 mm
3575 dm ☐ 35 750 mm
101,5 dm ☐ 11 050 cm

c) 144 cm ☐ 1404 mm
2,2 cm ☐ 220 mm
6893 cm ☐ 68,93 m
968 cm ☐ 96,8 dm

13 Übertrage die Tabelle in dein Heft und ergänze die fehlenden Werte.

	km	m	cm
a)		3000	
b)			5 000 000
c)		800	
d)	2,5		
e)			750 000
f)		75	
g)			20 000
h)	0,5		

14
a) 4 Klafter = ☁ Ellen
12 Ellen = ☁ Fuß
6 Fuß = ☁ Spannen
b) 12 Ellen = ☁ Spannen
36 Handbreiten = ☁ Spannen
60 Fuß = ☁ Klafter
c) 5 yards = ☁ feet
12 feet = ☁ inches
108 inches = ☁ feet

15 a) Erkundige dich bei einem Fahrradhändler (Installateur, Reifenhändler) nach den dort verwendeten Maßeinheiten.

b) Was bedeuten die Angaben auf dem abgebildeten Reifen?

Sachrechnen: Längen, Gewicht, Zeit, Geld

3 Rechnen mit Längen

Das Tal der Mosel gehört zu den wichtigen Fremdenverkehrsregionen in Deutschland. Der Fluss hat im Laufe von Millionen Jahren ein tiefes Bett mit großen Schleifen in die Landschaft gegraben. In der Gegend um Cochem fließt die Mosel fast in entgegengesetzter Richtung. Dieser auffallende Verlauf macht diese Gegend so schön und für den Tourismus so attraktiv. Für die Schifffahrt dagegen ist dieser Flusslauf nachteilig. Die vielen Kurven erschweren die Fahrt und verlängern die Fahrtstrecke.
Die Entfernung zwischen Trier und Koblenz beträgt auf der Autobahn etwa 135 km, auf der Mosel dagegen etwa 200 km.
Der Unterschied beträgt also 65 km.

Das Ergebnis wurde durch **Subtraktion** ermittelt.

 Man addiert, subtrahiert Längen, indem man
— zuerst in dieselbe Maßeinheit umwandelt,
— dann die Maßzahlen addiert, subtrahiert.

Längen können mit einer Zahl multipliziert und durch eine Zahl dividiert werden.
$5 \cdot 7 \text{ m} = (5 \cdot 7) \text{ m} = 35 \text{ m}$
$72 \text{ cm} : 8 = (72 : 8) \text{ cm} = 9 \text{ cm}$

Kommaschreibweise:
Man schreibt die Längen in der gleichen Maßeinheit stellenrichtig untereinander und addiert, subtrahiert.

Beispiel 1: a)   3 m 40 cm + 75 cm
= 340 cm + 75 cm

    340 cm
+ 75 cm
      ¹
415 cm

b)   5,85 m − 133 cm
= 585 cm − 133 cm

    585 cm
− 133 cm
452 cm

Beispiel 2: a)   5 cm 5 mm · 3
= (55 · 3) mm = 165 mm = **16,5 cm**

b)   180 cm : 9
= (180 : 9) cm = **20 cm**

Beispiel 3: a)   3,25 m
+ 2,86 m
    ¹ ¹
6,11 m

b)   7,654 km
− 3,891 km
   ¹ ¹
3,763 km

Sachrechnen: Längen, Gewicht, Zeit, Geld

*Denke daran:
Die Schreibweise
6 m 3 dm
nennt man
**gemischte
Schreibweise**.*

1
a) 17 m + 34 m
   172 m + 13 m
   145 m + 342 m

b) 21 cm + 99 cm
   71 cm + 975 cm
   377 cm + 673 cm

c) 43 dm + 25 cm
   72 dm + 75 cm
   104 dm + 700 cm

d) 2 m + 245 cm
   12 m + 205 cm
   100 m + 1000 cm

e) 15 cm + 5 mm
   105 cm + 35 mm
   35 cm + 350 mm

f) 3 dm + 50 mm
   2 m + 35 mm
   13 m + 460 mm

2
a) 345 m − 254 m
   67 dm − 12 dm
   455 cm − 165 cm

b) 77 dm − 45 cm
   89 dm − 99 cm
   93 cm − 455 mm

c) 23 m − 95 cm
   105 m − 345 cm
   766 m − 4500 cm

d) 13 km − 550 m
   99 km − 1350 m
   100 km − 9500 m

e) 16 m − 5 mm
   99 m − 99 mm
   7 m − 750 mm

f) 7 km − 1950 dm
   12 km − 465 dm
   37 km − 95 dm

3
a) 55 mm + 99 mm + 340 mm + 8 mm
b) 7 cm + 55 cm + 70 cm + 354 cm
c) 45 dm + 66 dm + 320 dm + 8 dm
d) 755 m + 566 m + 620 m + 89 m
e) 12 km + 34 km + 45 km + 90 km

4
a) 96 m − 45 m − 12 m − 9 m
b) 207 dm − 65 dm − 99 dm − 7 dm
c) 978 cm − 456 cm − 106 cm − 14 cm
d) 1005 km − 87 km − 455 km − 23 km

*Größe:
Zahl mit
Maßeinheit,
z. B. 18 km, 3 kg*

5
Übertrage die Aufgaben in dein Heft und ergänze die fehlenden Größen.
a) 97 cm + ▨ = 167 cm
   54 dm + ▨ = 297 dm
   12 m + ▨ = 897 m
   77 km + ▨ = 1001 km
b) ▨ + 345 mm = 756 mm
   ▨ + 467 cm = 999 cm
   ▨ + 45 km = 1300 km
   ▨ + 101 km = 1191 km
c) 350 cm − ▨ = 7 dm
   6 dm − ▨ = 25 cm
   21 cm − ▨ = 55 mm
   7 m − ▨ = 45 cm

6
Schreibe das Ergebnis in der gemischten Schreibweise.
a) 3 m 7 dm + 17 m 8 dm
b) 14 dm 5 cm + 45 dm 17 cm
c) 99 cm 12 mm + 7 cm 19 mm
d) 4 dm 45 mm + 6 dm 90 mm
e) 3 m 45 cm + 5 m 80 cm

7
Verwende für das Ergebnis die gemischte Schreibweise.
a) 12 cm 5 mm − 3 cm 4 mm
b) 35 dm 2 cm − 17 dm 3 cm
c) 106 m 5 dm − 99 m 9 dm
d) 60 m 34 dm − 45 m 52 dm
e) 13 cm 89 mm − 9 cm 105 mm

8
Schreibe das Ergebnis in der Kommaschreibweise.
a) 12,50 m + 7,40 m
   3,45 m + 7,52 m
b) 45,90 m − 34,70 m
   108,69 m − 56,88 m

9
a) 7 · 15 m; 8 · 19 dm; 6 · 80 cm
b) 19 · 23 cm; 21 · 45 dm; 35 · 45 m
c) 67 · 67 km; 109 · 99 dm; 27 · 99 mm

10
Achtung! Kopfrechnen!
a) 144 m : 12
   121 cm : 11
   126 m : 9
   105 dm : 7

b) 81 km : 9
   63 mm : 7
   120 cm : 8
   147 km : 7

11
a) 350 dm : 7
   672 mm : 12
   1869 km : 21

b) 108 cm : 9
   325 m : 13
   9801 cm : 99

12
Richtig oder falsch?
Die Buchstaben bei den richtigen Ergebnissen ergeben ein Lösungswort.
a) 220 dm + 35 mm = 2235 mm   (P)
b) 12 m − 150 cm = 10,50 m   (T)
c) 3 km − 250 dm = 750 dm   (M)
d) 15 · 40 mm = 6 dm   (O)
e) 200 · 15 cm = 3 m   (S)
f) 132 cm : 4 = 33 cm   (L)
g) 145 dm : 5 = 29 dm   (L)

Sachrechnen: Längen, Gewicht, Zeit, Geld

13 Wandle zuerst in eine kleinere Einheit um.
a) 2 m 5 dm : 5
 13 m 2 dm : 11
 28 m 8 dm : 12
 101 m 22 dm : 2
b) 16 cm 5 mm : 15
 13 cm 5 mm : 9
 622 cm 7 mm : 13
 71 cm 31 mm : 3

14 Gib als Kommazahl an. Wandle zuerst in eine kleinere Einheit um.
a) 5,50 m · 4
 9,20 m · 8
 3,90 m · 15
 45,80 m · 21
b) 1,27 m · 4
 2,19 m · 7
 8,26 m · 17
 7,77 m · 77

15 Wandle in kleinere Einheiten um und rechne.
a) 853 cm : 5
 384 cm : 15
 651 m : 15
c) 15,200 km : 2
 22,400 km : 7
 870,200 km : 19
b) 17,55 m : 9
 46,88 m : 8
 16,45 m : 7
d) 7 km : 20
 99 m : 330
 155 dm : 50

16 Frau Kern wohnt 25 km von ihrem Arbeitsplatz entfernt.
Wie viel km fährt sie in einem Jahr (220 Arbeitstage) zur Arbeit und zurück?

Der Wettlauf zum Südpol:
Fast zeitgleich brachen 1911 zwei Expeditionen zum Südpol auf. Der Norweger Amundson erreichte am 14.12.1911 als erster das Ziel. Der Engländer Scott kam im Januar 1912 an. Enttäuscht und völlig entkräftet schaffte keiner seiner Begleiter den Marsch zurück. Als bisher letzte waren 1989 Messner und Fuchs zu Fuß am Südpol.

17
Der Norweger Amundson erreichte als erster Mensch 1911 den Südpol. Die Expedition dauerte 90 Tage. Allein die Strecke zum Pol betrug etwa 1440 km. Wie viel km legten sie täglich auf der gesamten Expedition zurück?

18 Bei schönem Wetter kann man vom Schwarzwald die über 100 km entfernten Alpen sehen.
a) Um wie viel Meter ist die „Jungfrau" höher als der „Eiger"?
b) Um wie viel Meter ist der „Mönch" niedriger als die „Jungfrau"?

Eiger 3970 m   Mönch 4099 m   Jungfrau 4158 m

Info
Man kann auch Längen durch Längen teilen. Beide Angaben müssen aber die gleiche Maßeinheit haben.

Ein Schuhkarton ist 20 cm hoch. Auf einer Palette sind diese 2 m hoch gestapelt. Wie viele Kartons stehen übereinander?

Rechnung: 2 m : 20 cm
 = 200 cm : 20 cm
 = **10**
Es sind also 10 Schachteln übereinander gestapelt.

Das Ergebnis ist eine Zahl und keine Größe!

19 Bei einem Staffellauf legte jeder Läufer 2500 m zurück. Insgesamt wurden 62,500 km zurückgelegt.
Wie viele Läufer waren am Start?

20 Für ein Stahlgerüst benötigte man Stahlträger mit einer Gesamtlänge von 900 m. Jeder Träger war 4,50 m lang.
Wie viele Träger wurden verarbeitet?

Sachrechnen: Längen, Gewicht, Zeit, Geld

21 In einem Kassettenrecorder laufen in der Minute 285 cm Band am Tonkopf vorbei.
Wie viel Meter Band sind dann auf einer Kassette mit einer Laufzeit von 30 min (45 min; 60 min)?

22 Eine Krabbenart im Roten Meer wandert ganz besonders langsam. Für 84 km braucht sie 15 Jahre. Wie viel m wandert diese Krabbenart pro Jahr?

23 Das längste Tier ist der in der Nordsee vorkommende Schnurwurm. Ein Exemplar wurde 30-mal so groß wie ein Mensch von 1,80 m Größe.
Wie lang war das Tier?

24 Die höchste Erhebung auf der Erde ist der Mount Everest im Himalaya-Gebirge. Er ist 8872 m hoch. Die größte Meerestiefe wurde im Marianengraben mit 11 034 m gemessen.

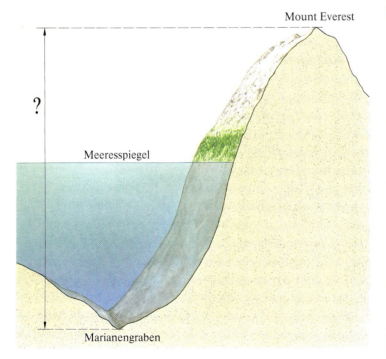

Berechne die fehlende Größe.

25 Bei einem Schwimmsport-Wettbewerb ist die 4 × 100-m-Staffel am Start. Wie viele Bahnen müssen im 50-m-Becken zurückgelegt werden?

26 Fallschirmspringer legen im freien Fall etwa 60 m pro Sekunde zurück. Ein Springer ist 13 s im freien Fall und schwebt dann noch 250 m zur Erde. Aus welcher Höhe ist er abgesprungen?

27 Autos werden auch verkleinert als Modellautos gebaut.
a) Ein Modellauto ist 25 cm lang. Wie lang ist das Originalauto, das 18-mal so groß ist?
b) Ein anderes Modellauto ist 11 cm lang. Das Original ist 43-mal so groß. Wie lang ist es?
c) Der ICE wäre als Modell (Spur H0) 460 cm lang. Wie lang ist das 87-mal so große Original?

28 Der Amerikaner Newman ging in vier Jahren 36 200 km zu Fuß. Wie viel km legte er etwa in einem Jahr zurück?

29 Martina, Konrad und Philipp gehen in die gleiche Klasse. Martinas Schulweg ist 350 m lang. Philipp muss nur die Hälfte gehen und Konrads Weg ist 4-mal so lang wie der von Philipp.
a) Wie lang sind die einzelnen Wege?
b) Wie oft muss Martina gehen, bis sie die gleiche Schulwegstrecke wie Konrad zurückgelegt hat?

4 Maßstab

Maßstab 1 : 200 000

Bei Ausflügen oder Wanderungen ist eine gute Orientierung im freien Gelände besonders wichtig. Viele Wanderwege sind mit Hinweisschildern markiert. Andere Wege kann man dagegen nur mit Hilfe einer guten Wanderkarte finden.

Zur schnellen Orientierung sind geographische Karten, wie Stadtpläne, Wanderkarten, Autokarten und Atlaskarten, gute und zuverlässige Hilfsmittel. Auf solchen Karten findet man vielerlei Zeichen und Farben, die in einer sogenannten Legende erklärt sind.

Wanderkarten, aber auch Straßenkarten oder Baupläne geben die Wirklichkeit verkleinert wieder. Sie sind in einem bestimmten Maßstab gezeichnet. Der Maßstab gibt an, wie viel Mal so groß Strecken in der Natur sind.

Auszug aus der Legende

- Straße
- Wanderweg
- Bahnlinie mit Bahnhof
- E1 Europawanderweg
- Radweg
- schöner Ausblick
- P Parkplatz
- Campingplatz
- N Naturfreundehaus
- Wegemarkierungen des Schwarzwaldvereins

Mit Hilfe des Maßstabs lassen sich also die Entfernungen zwischen verschiedenen Punkten bestimmten.

Der Maßstab einer Landkarte gibt an, wie viel Mal kleiner eine Strecke auf der Karte gegenüber der Strecke in der Natur ist.

Ein Maßstab 1 : 50 000 (sprich: 1 zu 50 000) bedeutet:
1 cm auf der Karte entspricht 50 000 cm = 500 m in der Natur.

Beispiel:

Berechnen von Streckenlängen in der Natur, wenn der Maßstab und die Kartenstrecke gegeben sind.

a) Bauplan Maßstab 1 : 100
   Karte: Natur:
   1 mm entspricht   100 mm
   30 mm entsprechen 3000 mm
                       = **3 m**

b) Wanderkarte Maßstab 1 : 25 000
   Karte: Natur:
   1 mm entspricht   25 000 mm
   40 mm entsprechen 1 000 000 mm
                   = 1000 m = **1 km**

c) Baden-Württemberg-Karte
Maßstab 1 : 600 000
   Karte: Natur:
   1 cm ≙   600 000 cm
   15 cm ≙   9 000 000 cm
             = 90 000 m = **90 km**

d) Deutschland-Karte
Maßstab 1 : 3 000 000
   Karte: Natur:
   1 cm ≙   3 000 000 cm
   8 cm ≙   24 000 000 cm
             = 240 000 m = **24 km**

Statt „1 cm entspricht 10 000 cm" schreibt man kurz: 1 cm ≙ 10 000 cm.

Sachrechnen: Längen, Gewicht, Zeit, Geld

1 Wie lang sind die Strecken in der Natur? Übertrage die Tabelle ins Heft und ergänze.

a) Gib die Ergebnisse in m an.

Karte / Maßstab	1 cm	4 cm	7 cm	12 cm
1 : 10 000	100 m			
1 : 50 000				
1 : 75 000				

b) Gib die Ergebnisse in km an.

Karte / Maßstab	3 cm	8 cm	15 cm	25 cm
1 : 100 000				
1 : 150 000				
1 : 1 Mio.				

2 Miss auf der Karte die Entfernungen zwischen den angegebenen Städten (Luftlinie) und gib die Entfernungen in der Natur an.

Maßstab 1 : 2 Mio.

a) Koblenz – Ludwigshafen
b) Remagen – Wörth
c) Trier – Kaiserslautern
d) Zweibrücken – Mainz
e) Landau – Altenkirchen

3 Die Deutschlandkarte ist im Maßstab 1 : 11 Mio. abgebildet. Übertrage die Tabelle ins Heft und bestimme die tatsächlichen Entfernungen zwischen den Städten.

	Berlin	Köln	Dresden
Stuttgart			
Frankfurt			
Hamburg			
Essen			
Leipzig			

4 In welchem Maßstab werden die einzelnen Karten und Pläne üblicherweise dargestellt? Ordne richtig zu.

1 : 100   1 : 30 000   1 : 3 000 000   1 : 25 000 000
1 : 90 000 000

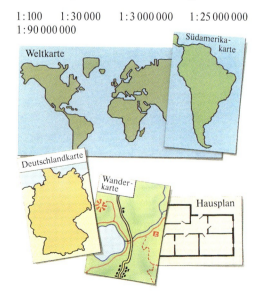

Sachrechnen: Längen, Gewicht, Zeit, Geld

5

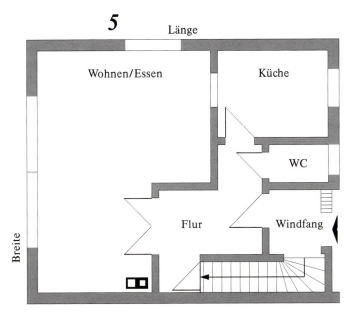

Der Bauplan zeigt das Erdgeschoss eines Hauses im Maßstab 1 : 100.
a) Wie lang und wie breit ist das Haus?
b) Wie dick sind die Außen- und Innenmauern?
c) Passt ein 1,60 m breiter Garderobenschrank in den Flur?

6 Sehr kleine Lebewesen oder Pflanzen müssen vergrößert dargestellt werden um sie für das menschliche Auge besser sichtbar zu machen.
Z. B. im Maßstab 100 : 1 wird eine Strecke von 1 mm auf 100 mm vergrößert.
Gib die wirkliche Größe der abgebildeten Pflanzenteile und Tiere an. Miss dazu ihre (Körper-) Länge und verwende den angegebenen Vergrößerungsmaßstab.

Weizenkorn
Maßstab 8 : 1

Ameise
Maßstab 6 : 1

Rosenblattlaus
Maßstab 12 : 1

Planen und Einrichten

Ein Küchenplaner verwendet bei der Planung einer Kücheneinrichtung häufig einen Plan im Maßstab 1 : 20.
Die ausgeschnittenen Symbole können im Plan verschoben werden, bis eine optimale Lösung gefunden ist.

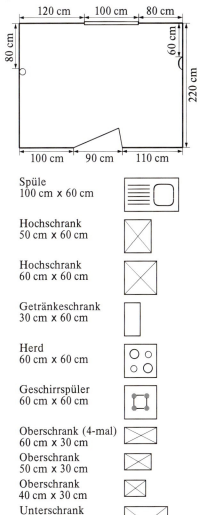

Spüle
100 cm x 60 cm

Hochschrank
50 cm x 60 cm

Hochschrank
60 cm x 60 cm

Getränkeschrank
30 cm x 60 cm

Herd
60 cm x 60 cm

Geschirrspüler
60 cm x 60 cm

Oberschrank (4-mal)
60 cm x 30 cm

Oberschrank
50 cm x 30 cm

Oberschrank
40 cm x 30 cm

Unterschrank
80 cm x 60 cm

Übertrage den Grundriss der Küche im Maßstab 1 : 20 auf Millimeterpapier. Markiere auch Tür und Fenster. Schneide aus Karopapier die verschiedenen Küchensymbole aus und plane damit die Küche.

Sachrechnen: Längen, Gewicht, Zeit, Geld

5 Gewichte

10 g
1 kg
150 g

Aus dem Einkaufskorb sind verschiedene Gegenstände vergrößert abgebildet. Ihre Gewichte sind jeweils angegeben. Dabei wurden unterschiedliche Gewichtseinheiten verwendet.

Größe:
Zahl mit
Maßeinheit,
z. B. 5 kg

Die Grundeinheit des Gewichts ist 1 Kilogramm (kg).
1 kg entspricht dem Gewicht von 1 Liter Wasser.
Weitere Gewichtseinheiten sind Gramm (g) und Tonne (t).

5 kg
| |
Maßzahl Maßeinheit

1 t = 1000 kg   1 kg = 1000 g

Gewichte werden in verschiedenen Einheiten angegeben.
Die **Umrechnungszahl** zwischen g und kg und zwischen kg und t ist jeweils **1000**.

$$1\,t = 1000\,kg$$
$$1\,kg = 1000\,g$$

Beispiel 1: a) 2 t = 2000 kg
  4 t 300 kg = 4300 kg
  13 t 90 kg = 13 090 kg

b) 4000 g = 4 kg
  7300 g = 7 kg 300 g
  21 075 g = 21 kg 75 g

Komma:
Das Komma trennt
zwei benachbarte
Einheiten.

Statt 53 kg 620 g
schreibt man kürzer
53,620 kg
(lies: 53 Komma
sechs zwei null kg).

Beispiel 2: a) 8,800 kg = 8 kg 800 g
  = 8000 g + 800 g
  = **8800 g**

b) 3,700 t = 3 t 700 kg
  = 3000 kg + 700 kg
  = **3700 kg**

c) 1500 kg = 1000 kg + 500 kg
  = 1 t 500 kg
  = **1,500 t**

d) 5080 g = 5000 g + 80 g
  = 5 kg 80 g
  = **5,080 kg**

Sachrechnen: Längen, Gewicht, Zeit, Geld

1 Ordne dem Gewicht nach. Beginne mit dem kleinsten Gewicht.
a) Ein Mitschüler, eine Flasche Milch, ein Eimer Wasser, das Mathematikbuch.
b) Ein Füller, ein Ei, ein 2-DM-Stück.

2 Ordne die folgenden Gewichtsangaben den Gegenständen aus Aufgabe 1 zu:
5 g; 45 kg; 10 kg; 1000 g; 50 g; 200 g.

3 a) Versuche folgende Gewichte zu schätzen: dein Federmäppchen, deinen Schulranzen, den Atlas, deine(n) Klassenlehrer(in), einen Radiergummi.
b) Überprüfe nun deine Schätzungen mit einer geeigneten Waage.

4 Nenne Gegenstände, die ungefähr folgendes Gewicht haben:
a) 10 g; 250 g; 500 g; 1500 g; 5 kg
b) 10 kg; 50 kg; 100 kg; 1 t; 100 t.
Prüfe die Ergebnisse soweit wie möglich mit einer geeigneten Waage nach.

5 Wandle um
7 kg = 7000 g
a) in Gramm.
3 kg; 12 kg; 77 kg; 123 kg; 1001 kg
b) in Kilogramm.
4 t; 21 t; 97 t; 223 t; 990 t; 2361 t
c) in Kilogramm.
2000 g; 24 000 g; 99 000 g; 233 000 g
d) in Tonnen.
3000 kg; 17 000 kg; 70 000 kg; 980 000 kg

6 Wandle um
2 000 000 g = 2000 kg = 2 t
a) in Tonnen,   b) in Gramm.
4 000 000 g   3 t
4 500 000 g   12 t
10 000 000 g   110 t

7 Wandle um.
70 kg 2 g = 70 000 g + 2 g = 70 002 g
a) 7 kg 500 g = ◇ g
12 kg 400 g = ◇ g
91 kg 700 g = ◇ g
b) 12 t 500 kg = ◇ kg
9 t 40 kg = ◇ kg
91 t 100 kg = ◇ kg
c) 3 kg 50 g = ◇ g
7 kg 99 g = ◇ g
12 t 75 kg = ◇ kg
d) 14 kg 9 g = ◇ g
101 kg 7 g = ◇ g
31 t 1 kg = ◇ kg

8 Wandle um in Gramm.
a) 3 kg 500 g; 2 t 5 kg; 55 kg 102 g; 101 kg 101 g; 466 kg 11 g
b) 6 kg 50 g; 3 kg 30 g; 1 kg 101 g; 12 t 5 kg; 17 t 525 kg; 11 t 111 g
c) 9 t 75 kg 150 g; 7 t 105 kg 200 g; 32 t 105 kg 70 g; 101 t 705 kg 950 g

9 Schreibe wie im Beispiel.
4090 g = 4000 g + 90 g = 4 kg 90 g
a) 3500 g =   b) 6750 g =
   7300 g =   17 400 g =
   9600 kg =   10 050 g =
   7005 kg =   8001 g =

10 Achtung! Kommaschreibweise!
3,500 kg = 3 kg 500 g
        = 3000 g + 500 g = 3500 g
a) 1,700 t = ◇ kg   b) 0,101 kg = ◇ g
   2,403 t = ◇ kg   9,009 t = ◇ kg
   0,090 kg = ◇ g   99,078 t = ◇ kg
   0,020 kg = ◇ g   0,099 kg = ◇ g

11 Gib in Kilogramm an und schreibe mit Komma.
a) 8050 g; 7200 g; 5140 g; 550 g; 7 g
b) 341 g; 15 015 g; 10 005 g; 32 g; 9 g
c) 126 390 g; 1101 g; 99 g; 798 g

12 Wandle um in Tonnen. Schreibe mit Komma.
a) 4500 kg; 750 kg; 555 kg; 10 kg
b) 3030 kg; 9 kg; 150 560 kg
c) 1 000 000 kg; 150 000 000 kg
d) 7012 kg; 14 103 kg; 86 kg; 1 kg

Sachrechnen: Längen, Gewicht, Zeit, Geld

Wenn du den Zahlen in der Reihenfolge 1 bis 6 (1 bis 8) jeweils den richtigen Buchstaben zuordnest, bekommst du ein Lösungswort.

13 Welche Gewichtsangaben sind gleich? Ordne zu.

a) 1) 3 t 200 g   O) 4 t 20 kg
   2) 4020 kg   D) 3000 kg 200 g
   3) 7500 g   L) 30 kg 200 g
   4) 9 kg 450 g   D) 21 t 500 kg
   5) 30 200 g   A) 9450 g
   6) 21 500 kg   N) 7 kg 500 g

b) 1) 2 kg 600 g   A) 94 kg 500 g
   2) 94 500 g   G) 81 kg 220 g
   3) 81 220 g   O) 12 080 g
   4) 12 kg 80 g   E) 2060 g
   5) 10 010 g   D) 2600 g
   6) 2 kg 60 g   B) 10 kg 10 g
   7) 5,050 kg   T) 3005 kg
   8) 3,005 t   R) 5050 g

14 Gib in der nächstgrößeren Einheit an. Verwende die Kommaschreibweise.

600 555 g = 600 kg 555 g = 600,555 kg

a) 15 000 g; 1250 g; 17 150 g; 100 g; 224 120 g; 6490 g; 28 030 g; 1 000 110 g
b) 23 123 kg; 1505 kg; 272 kg; 140 kg; 4569 kg; 1 480 076 kg; 11 001 kg; 12 kg
c) 215 050 g; 72 g; 15 550 100 g; 9 g; 111 g; 6988 g; 4 217 620 g; 97 541 g

15 Übertrage die Tabelle in dein Heft und ergänze die fehlenden Werte.

*Andere Gewichtseinheiten:
1 Pfund = 500 g
1 Zentner = 50 kg
1 Doppelzentner = 100 kg*

	t	kg	g
	0,100	100	100 000
a)		25	
b)			2 500 000
c)			75 000 000
d)	0,250		
e)	0,125		
f)		75	
g)	0,005		

16 Übertrage ins Heft und setze <, =, >. Wandle, wenn nötig, in kleinere Gewichtseinheiten um.

5,500 kg > 5 kg 50 g
da 5500 g > 5050 g

a) 4050 g ☐ 4 kg 500 g
3,135 kg ☐ 3 kg 135 g
1 kg 20 g ☐ 1200 g
4,750 kg ☐ 475 g

b) 37 t 10 kg ☐ 37 010 kg
7,201 kg ☐ 721 g
30,330 kg ☐ 3333 g
61 kg ☐ 6100 g

c) 5,010 kg ☐ 5010 g
50,100 t ☐ 50 100 kg
42 kg 301 g ☐ 42,031 kg
30 050 g ☐ 30,500 kg

17 Ordne der Größe nach. Beginne mit dem kleinsten Gewicht. Wandle, wenn nötig, zunächst in kleinere Gewichtseinheiten um.

a) 3,500 kg; 3,900 kg; 3090 g; 4,700 kg; 4,509 kg; 4,800 kg; 45,099 kg; 46 kg
b) 0,045 t; 0,007 t; 0,405 t; 4,005 t; 4,050 t; 4,009 t; 0,009 t; 1,001 t

18 Schreibe als Kommazahl in der nächstgrößeren Einheit.

fünf Mio. Gramm = 5 000 000 g
= 5000,000 kg

a) einundzwanzig Millionen sechshundertvierundachtzigtausend Gramm
b) siebenhundertzweiundzwanzigtausendachthundertsiebenundsechzig Gramm
c) drei Millionen einundsechzigtausendvierhundertdrei Gramm

???

Wenn von drei Geldstücken eines falsch (und schwerer) ist, so kann man es mit nur einem Wiegevorgang auf einer Balkenwaage bestimmen.
– Man legt zwei der drei Geldstücke auf eine Waage.
– Bleibt die Waage im Gleichgewicht, so ist das dritte Geldstück das Falsche.
– Neigt sich die Waage auf eine Seite, so ist das Geldstück darauf das Falsche.

Bestimme nun mit nur zwei Wiegevorgängen aus sieben Geldstücken ein gefälschtes (schwereres).

Sachrechnen: Längen, Gewicht, Zeit, Geld

6 Rechnen mit Gewichten: Addition und Subtraktion

Die Klasse 5 besucht eine Zirkusvorstellung. Dort werden die tollsten Kunststücke gezeigt, z. B. die umgedrehte menschliche Pyramide.

Hinterher berechnen die Kinder das Gewicht, das der unterste Artist tragen musste.

Sie addieren:

```
   65 kg
 + 59 kg
 + 54 kg
 + 57 kg
 + 53 kg
   2 2
  288 kg
```

Das errechnete Gewicht von 288 kg überrascht die Kinder.

 Man addiert, subtrahiert Gewichte, indem man

— zuerst in dieselbe Maßeinheit umwandelt,
— dann die Maßzahlen addiert, subtrahiert.

Beispiel 1:

Aufgabe: 3145 g + 3560 g

Rechnung:
```
   3145 g
 + 3560 g
      1
   6705 g
```

Beispiel 2:

8 kg 500 g − 7560 g

```
8 kg 500 g        8500 g
7560 g          − 7560 g
                   1 1
                   940 g
```

Werden Gewichte in Kommaschreibweise angegeben, gibt es eine weitere Rechenmöglichkeit.

```
  11,400 t
−  8,450 t
   2,950 t
```

Beachte: Komma unter Komma.

Beispiel 3:

Aufgabe: 6,505 kg + 1,450 kg

Rechnung:
```
6,505 kg         6505 g
1,450 kg       + 1450 g
                 7955 g
               7 kg 955 g
```

Beispiel 4:

11,400 t − 8 t 450 kg

```
11,400 t         11 400 kg
 8 t 450 kg    −  8 450 kg
                  1 1 1
                  2 950 kg
                2 t 950 kg
```

Sachrechnen: Längen, Gewicht, Zeit, Geld

1
a) 35 kg + 22 kg
   13 t + 45 t
b) 300 g + 245 g
   756 g + 675 g
c) 76 g + 50 000 g
   50 kg + 9000 kg
d) 3 kg + 500 kg
   34 kg + 6000 g

2
a) 186 g − 67 g
   999 t − 111 t
b) 671 kg − 59 kg
   2013 g − 199 g
c) 15 079 g − 999 g
   2000 t − 220 t
d) 59 kg − 9000 g
   999 kg − 444 g

3
a) 34 kg + 45 kg + 78 kg + 4 kg
b) 205 g + 350 g + 750 g + 900 g
c) 3500 kg + 999 kg + 7 kg + 17 099 kg
d) 17 t + 6405 t + 503 t + 1011 t

4
Wandle um. Schreibe das Ergebnis in der kleineren Einheit.
a) 9 kg + 400 g
   700 g + 7 kg
   81 kg + 750 g
b) 3 t + 1855 kg
   81 kg + 75 g
   101 t + 7506 kg

5
a) 50 kg − 4500 g
   450 kg − 10 500 g
   1010 kg − 9990 g
b) 31 t − 9500 kg
   909 t − 900 kg
   13 t − 909 kg

6
Übertrage die Aufgaben in dein Heft und ergänze die fehlenden Maßzahlen.
a) 26 g + ▨ g = 57 g
   51 kg + ▨ kg = 99 kg
b) 72 t + ▨ t = 144 t
   ▨ g + 14 g = 67 g
c) ▨ kg + 123 kg = 235 kg
   ▨ g + 544 g = 1024 g
d) ▨ g + 256 400 g = 350 000 g
   ▨ g + 150 000 g = 2 100 100 g

7
Rechne geschickt. Schreibe das Ergebnis in „gemischter Schreibweise".
a) 5 kg 500 g + 3 kg 200 g
b) 75 kg 90 g + 101 kg 810 g
c) 444 kg 750 g + 550 kg 111 g
d) 101 t 900 kg + 909 t 100 kg
e) 13 kg 500 g + 9 kg 150 g + 850 g
f) 3 t 550 kg + 17 t 50 kg + 1 t 400 kg
g) 64 t 12 kg + 874 kg + 7 t 7 kg

Die Schreibweise 5 kg 500 g nennt man „gemischte Schreibweise", da zwei verschiedene Maßeinheiten (kg und g) verwendet werden.

8
Schreibe das Ergebnis in der gemischten Schreibweise.
a) 5 kg 900 g − 4 kg 500 g
b) 13 t 760 kg − 7 t 560 kg
c) 99 kg 750 g − 80 kg 800 g
d) 107 t 350 kg − 77 t 560 kg
e) 105 kg 90 g − 99 kg 777 g

9
a) 3 kg 200 g + 4 kg 600 g + 2 kg 50 g
b) 9 kg 150 g + 43 kg 35 g + 31 kg 5 g
c) 7 kg 890 g + 19 kg 350 g + 56 kg
d) 99 t 99 kg + 199 t 679 kg + 5 t 9 kg

10
a) 4500 g − 706 g − 45 g − 455 g
b) 13 kg − 7 kg − $1\frac{1}{2}$ kg
c) 5 kg − 3000 g − 500 g − 900 g
d) 13 t − 560 kg − 890 kg − 980 kg

11
Addiere jeweils 14 kg 500 g.
a) 4750 kg   b) 9 kg 890 g   c) 13 900 g
d) 13 kg 999 g   e) 14,009 kg

12
Subtrahiere jeweils von 99,900 t. Schreibe das Ergebnis als Kommazahl.
a) 34,500 t   b) 27,900 t   c) 76,100 t
d) 7,800 t   e) 98,750 t   f) 33,550 t

13
a) 17,500 kg + ▨ = 23,700 kg
b) 101,900 t + ▨ = 200,900 t
c) 1707,050 kg + ▨ = 2000,100 kg

14
Übertrage die Tabelle in dein Heft.

+	a) 4 kg	b) 54 kg	c) 2,750 kg
3 kg	7 kg		
22 kg 900 g			
99 kg 500 g			
100,500 kg			
1,800 kg			

15
a) Welches Gewicht muss man zu 135 kg 250 g addieren um 205 kg 760 g zu erhalten?
b) Welches Gewicht muss man von 45 kg 500 g subtrahieren um 21 kg 600 g zu erhalten?

Sachrechnen: Längen, Gewicht, Zeit, Geld

16
a) 35 kg − 12 kg 500 g + 13 kg 750 g
b) 99 kg 90 g + 9 kg 60 g − 7 kg 50 g
c) 33 kg 50 g − 11 kg 10 g + 10 kg
d) 14 t 900 kg − 750 kg + 10 550 kg
e) 99 t 60 kg − 900 kg − 50 kg + 2 t

17
Ein Elefantenbaby wiegt 120 kg. Ausgewachsen wiegt der Elefant 6 t. Berechne die Gewichtszunahme.

18
Ein Lkw kann 20 t Ladung befördern. Es sind schon 17 640 kg geladen. Wie viel kann noch zugeladen werden?

19
Jochen soll eine Flasche Milch (1,400 kg), 250 g Butter, 1 Pfund Quark und 1 kg Bananen einkaufen. Der Korb wiegt leer 800 g. Welches Gewicht muss er nach Hause tragen?

20
Die Ausgaben zum Schutz der Umwelt sind in den letzten Jahren stetig gestiegen. Die wichtigsten europäischen Industriestaaten gaben danach zum Erhalt der Umwelt aus:

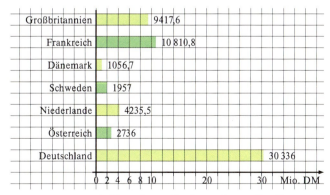

a) Berechne die Ausgaben aller Staaten.
b) Deutschland hat etwa 79 Mio. Einwohner. Österreich dagegen etwa 8 Mio. Berechne die Ausgaben pro Einwohner.

21

Aufzug Tragfähigkeit
375 kg
oder
5 Personen

Michael (47 kg 500 g), Anton (51 kg), Klaus (49 kg) und Jochen (48 kg) steigen zu Herrn Meier (74 kg) ein, der gerade 24 Päckchen Fliesen mit dem Fahrstuhl transportiert. Diese wiegen 132 kg. Können alle vier Jungen zusteigen?

22
Der Boeing 747 Cargo Jet (Jumbo) wird zum Gütertransport eingesetzt. Er hat ein Leergewicht von 153 t 300 kg. Beim Start wiegt er aber 377 t 800 kg. Wie viel kg sind zugeladen worden?

23
Eine 88,500 kg schwere Gewichtheberin hat ein Gewicht von 247,500 kg hoch gehoben. Um wie viel kg übertraf sie dabei ihr Körpergewicht?

Eine Gondel der Zugspitzbahn wiegt 3000 kg. Das zulässige Gesamtgewicht (Ladung und Gondel) darf 6,500 t nicht überschreiten.
a) Wie viel kg dürfen zugeladen werden?
b) Bei Wartungsarbeiten muss in der Gondel eine Maschine von 2 t 500 kg transportiert werden. Können die vier Monteure (285 kg) noch mitfahren?

25
Das kleinste Landsäugetier ist die Hummelfledermaus (ca. 2 g). Um wie viel wiegt ein erwachsener Mann (75 kg) mehr als eine solche Fledermaus?

26
Ein ganzer Ziegelstein wiegt 1 kg mehr als ein halber Ziegelstein. Wie viel Gramm wiegt der ganze Ziegelstein?

27
Pia und Sven wiegen zusammen 70 kg. Pia ist 6 kg schwerer als Sven. Wie schwer ist sie?

Sachrechnen: Längen, Gewicht, Zeit, Geld

7 Rechnen mit Gewichten: Multiplikation und Division

Die Zeitungen eines Verlagshauses, die täglich ausgeliefert werden, wiegen zusammen etwa 15 200 kg.

8 Lieferfahrzeuge transportieren sie zu den Verteilerstellen. Ein Fahrzeug befördert also:

15 200 kg : 8 = **1900 kg**.

Jeder Zusteller übernimmt 150 Zeitungen. Jedes Exemplar wiegt etwa 200 g.

Welches Gewicht haben die Zeitungen, die ein Zusteller täglich verteilt?

150 · 200 g
30 000 g = **30 kg**.

Die Zeitungen wiegen 30 kg.

Gewichte können mit einer Zahl multipliziert werden:

3 · 6 kg = (3 · 6) kg = 18 kg

Gewichte können durch eine Zahl dividiert werden:

21 kg : 7 = (21 : 7) kg = 3 kg

Beispiel 1:

a) 17 · 3 t = (17 · 3) t = **51 t**

b) 99 g : 11 = (99 : 11) g = **9 g**

Beispiel 2:

a) 3 · 2 kg 600 g = 3 · 2600 g
= (3 · 2600) g
= 7800 g
= **7 kg 800 g**

b) 29 kg 400 g : 7 = 29 400 g : 7
= (29 400 : 7) g
= 4200 g
= **4 kg 200 g**

Treten in einer Multiplikation oder Division Kommazahlen oder gemischte Gewichtsangaben auf, dann wandle diese in passende kleinere Einheiten um.

Beispiel 3:

a) 3 · 1,700 kg = 3 · 1700 g
= (3 · 1700) g
= 5100 g
= **5,100 kg**

b) 29,700 t : 9 = 29 700 kg : 9
= (29 700 : 9) kg
= 3300 kg
= **3,300 t**

Sachrechnen: Längen, Gewicht, Zeit, Geld

1
a) 3 · 12 kg; 6 · 30 g; 7 · 40 kg
b) 7 · 500 kg; 9 · 600 t; 8 · 750 g
c) 12 · 55 g; 20 · 75 g; 30 · 15 kg
d) 15 · 345 t; 45 · 545 g; 88 · 3550 g

2
a) 120 g : 4
321 g : 3
b) 104 kg : 4
1500 kg : 3
c) 147 t : 7
616 kg : 11
d) 245 g : 7
297 t : 11
e) 204 kg : 17
294 g : 42
f) 1751 t : 17
2142 kg : 42

3
a) 3 · ▨ = 90 g
4 · ▨ = 160 kg
6 · ▨ = 240 t
15 · ▨ = 300 g
21 · ▨ = 525 t
b) 5 · ▨ = 105 g
7 · ▨ = 371 kg
9 · ▨ = 819 t
13 · ▨ = 169 g
19 · ▨ = 836 t

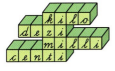

kilo:
das Tausendfache
dezi:
der zehnte Teil
milli:
der tausendste Teil
centi:
der hundertste Teil

4
Rechne geschickt. Wandle vorher, wenn nötig, in eine kleinere Einheit um.
a) 7 kg 400 g : 2
5 kg 50 g : 5
25 t 750 kg : 10
b) 14 t 800 kg : 2
35 t 500 kg : 5
50 kg 250 g : 10
c) 2 kg 790 g : 9
12 kg 342 g : 11
65 kg 65 g : 13
d) 6 kg 345 g : 9
27 t 941 kg : 11
39 t 429 kg : 13

5
a) 5,500 kg · 5
12,700 t · 8
17,450 kg · 13
b) 12,500 kg · 7
21,900 kg · 9
35,600 kg · 15

6
a) 1,750 kg : 5
48,080 t : 8
12,300 kg : 10
b) 1,750 kg : 7
0,189 t : 9
34,670 kg : 10

7
a) 12 g · ◇ = 60 g
19 kg · ◇ = 152 kg
45 t · ◇ = 585 t
b) 120 g : ◇ = 12 g
69 kg : ◇ = 23 kg
208 t : ◇ = 13 t
c) 330 g : ◇ = 22 g
768 kg : ◇ = 24 kg
806 t : ◇ = 31 t

8
Übertrage die Tabelle in dein Heft und fülle sie aus.

·	a) 7	b) 10	c) 15	d) 21
9 kg	63 kg			
2 kg 100 g				
3 t 600 kg				
	490 g			
1,500 t				
			1875 kg	
				33,600 t

9
Ein Elefant wiegt etwa 6 t. Das größte lebende Säugetier, der Blauwal, wiegt etwa dreißig Mal so viel. Berechne das Gewicht des Blauwals.

10
Ein Gewichtheber stemmt 205 kg. Die Stange (mit Feststellvorrichtungen) wiegt 25 kg. Welches Gewicht ist an jeder Seite eingehängt?

11
Ein Blatt Schreibmaschinenpapier wiegt 2 g. Ein Lkw hat 2 500 000 Blatt geladen. Wie viel kg (t) sind dies?

12
Auf dem Mond würde eine Waage nur den sechsten Teil deines Gewichtes anzeigen.
a) Petra wiegt 36 kg. Wie viel kg würde die Waage auf dem Mond anzeigen?
b) Der Astronaut Aldrin wog auf dem Mond noch 12,500 kg. Was zeigt bei ihm die Waage auf der Erde an?

Sachrechnen: Längen, Gewicht, Zeit, Geld

13

Ein Rezept für Schleckermäuler

Striiwili

(für vier Personen):

500 g Mehl, 5 Eier, ½ l Milch, 50 g Zucker, 1 Prise Salz, Staubzucker zum Bestreuen. Eier trennen. Aus Eigelb, Zucker, Salz, Mehl und Milch den Teig anrühren. Dann das geschlagene Eiweiß hinzufügen. 500 g Fett in einem Topf erhitzen. Den Teig portionsweise durch einen Trichter in das heiße Fett laufen lassen.

Die 24 Kinder der Klasse 5 möchten für ein Klassenfest „Striiwili" machen. Berechne die benötigten Mengen.

14 Der Airbus 300-600 verbraucht pro Flugstunde 6850 Liter Flugbenzin. Ein Liter Flugbenzin wiegt etwa 700 g. Wie viel wiegt das Flugbenzin, das für einen vierstündigen Flug benötigt wird?

15 Jeder Bundesbürger wirft pro Tag etwa 1 kg Abfall in den Mülleimer. Deutschland hat etwa 79 Mio. Einwohner. Wie viel kg Müll werfen die Bundesbürger in einem Jahr (365 Tage) weg?

16 In der Bundesrepublik sind 1989 28 000 080 t Hausmüll angefallen.
a) Wie viel t waren dies im Monat?
b) Wie viel waren dies am Tag? (Rechne mit 30 Tagen pro Monat.)

17 Zur Erzeugung einer Tonne Papier benötigt man mindestens 1,500 t Wasser.
a) Wie viel Wasser benötigt man zur Herstellung von 25 000 Tonnen Papier (dies war 1989 der Tagesverbrauch in der Bundesrepublik)?
b) Jährlich werden 5 Mio. Tonnen Papier ungelesen weggeworfen. Wie viel Wasser benötigt man für diese Menge?

In einer Kreisstadt mit ca. 50 000 Einwohnern werden am Tag ungefähr 7 000 000 l (7000 t) Wasser verbraucht.

18

Der Rhein führte unter anderem täglich im Wasser mit sich: 40 000 t Kochsalz, 2200 t Öle und Fette, 18 400 t chemische Stoffe und 300 t Eisen. Diese Menge würde 3600 Güterzugwaggons füllen. Welche Einzelmengen führte der Rhein
a) in einem Monat (30 Tage),
b) in einem Jahr (365 Tage) mit sich?

> **info**
> Man kann auch ein Gewicht durch ein Gewicht teilen. Achte dabei aber auf die gleiche Maßeinheit.
> Herr Schlier will in seinem Pkw-Anhänger Betonplatten mit einem Gesamtgewicht von 1800 kg transportieren. Er kann höchstens 600 kg zuladen. Wie oft muss er fahren?
> Rechnung:
> 1800 kg : 600 kg = **3**
> Er muss dreimal fahren.
> Das Ergebnis ist eine Zahl, keine Größe.

19 Kleinteile werden in großen Mengen abgegeben. Eine Schachtel voller gleichartiger Schrauben wiegt 2500 g. Eine Schraube wiegt 2 g. Wie viele Schrauben sind in der Schachtel?

20 In einer Winzergenossenschaft lagern 750 000 l Wein. Wie viele Tanklastwagen mit einem Ladegewicht von je 10 t können damit beladen werden? (Nimm der Einfachheit halber an, dass ein 1 l Wein 1 kg wiegt.)

8 Zeitpunkte und Zeitspannen

Ein Tag ist die Zeit, in der sich die Erde genau einmal um sich selbst dreht.
Dabei liegt ein Teil der Erde im Schatten, der andere Teil ist der Sonne zugewandt.

Die Grundeinheit der Zeitmessung ist der Tag.
Kleinere Einheiten sind Stunden (h), Minuten (min) und Sekunden (s).

1 Tag = 24 h   1 h = 60 min   1 min = 60 s

Achtung! Bei den Zeiteinheiten ist die Umrechnungszahl unterschiedlich.

Die Abkürzung h kommt vom lateinischen „hora" (englisch: hour). s steht für second (englisch). Die Abkürzung d steht für Tag (day).

1 Tag = 24 h
1 h = 60 min
1 min = 60 s

Beispiel 1:

a) 3 Tage = 3 · 24 h = **72 h**   b) 12 h = 12 · 60 min = **720 min**
c) 15 min = 15 · 60 s = **900 s**   d) 60 min = 60 · 60 s = **3600 s**

Beispiel 2:

7 Tage = 7 · 24 h = 168 h
168 h = 168 · 60 min = **10 080 min**

Beispiel 3:

30 Tage = 30 · 24 h = 720 h
720 h = 720 · 60 min = 43 200 min
43 200 min = 43 200 · 60 s
= **2 592 000 s**

Sachrechnen: Längen, Gewicht, Zeit, Geld

*30 min = ½ h
(eine halbe Stunde)
15 min = ¼ h
(eine viertel Stunde)
45 min = ¾ h
(eine dreiviertel Stunde)*

1 Wandle wie angegeben um
4 min = 4 · 60 s = 240 s
a) in s: 7 min; 9 min; 12 min; 20 min
b) in min: 3 h; 5 h; 9 h; 11 h; 37 h
c) in h: 3 Tage; 9 Tage; 15 Tage.

2 Wandle um
420 s = (420 : 60) min = 7 min
a) in min: 300 s; 540 s; 1140 s; 3300 s
b) in h: 480 min; 720 min; 1380 min
c) in Tage: 144 h; 216 h; 384 h; 720 h.

3 Wandle in Sekunden um.
3 h = 3 · 60 min = 180 min
       = 180 · 60 s = 10 800 s
5 h; 7 h; 9 h; 12 h; 24 h; 36 h; ½ h

4 Wandle in Minuten um.
3 Tage; 4 Tage; 12 Tage; 20 Tage

*Ein Jahr hat 365 Tage (Ausnahme: Schaltjahre haben 366 Tage).

Ein Jahr hat 12 Monate.*

5
a) Wie viele Stunden hat eine Woche?
b) Wie viele Minuten hat ein Tag?
c) Wie viele Stunden hat ein Monat mit 30 Tagen?

6 Wandle zweimal um.
9 h = 540 min = 32 400 s
17 h; 48 h; 55 h; 7 Tage; 13 Tage

7 Übertrage in dein Heft. Setze <, =, >. Wandle, wenn nötig, um.
a) 5 min ☐ 360 s
   15 min ☐ 850 s
   21 min ☐ 1240 s
   35 min ☐ 2200 s
b) 4 h ☐ 260 min
   12 h ☐ 750 min
   50 h ☐ 2800 min
   150 h ☐ 9000 min
c) 4 Tage ☐ 72 h
   30 Tage ☐ 720 h
   75 Tage ☐ 1750 h
   365 Tage ☐ 7500 h

Man kann Zeitspannen im Sekundenbereich gut durch das Sprechen von „21, 22, 23 …" messen. Jede Zahl zu sprechen dauert ungefähr eine Sekunde.

8 Richtig oder falsch?
a) 13 h 45 min = 925 min
b) 27 Tage 5 h > 650 h
c) 2 Tage 16 h = 3800 min

9 Wandle in die angegebene Einheit um.
a) 3 h 45 min = ◇ min
b) 35 min 50 s = ◇ s
c) 24 Tage 13 h = ◇ h
d) 2 Wochen 5 Tage 6 h = ◇ h
e) 12 Wochen 75 h = ◇ min
f) 3 Wochen 7 h 12 min = ◇ s

10
a) Gib in Monaten an:
3 Jahre; 5 Jahre; 12 Jahre; ½ Jahr.
b) Gib in Jahren und in Monaten an:
32 Monate; 65 Monate; 134 Monate.
c) Wie viele Tage haben
7 Wochen; 21 Wochen; 52 Wochen?

11 Die durchschnittliche Lebenserwartung eines Menschen beträgt ungefähr 75 Jahre.
a) Wie viele Monate sind dies?
b) Kann man 1380 Monate alt werden?

12 Der Astronaut Aldrin befand sich während des Fluges von Apollo 11 rund 204 h im Weltraum.
Wie viele Tage und Stunden waren dies?

13 Man sagt, dass ein Mensch ca. ein Drittel seines Lebens verschläft. Dies wären ungefähr 25 Jahre.
Wie viele Tage sind dies? (Rechne mit 365 Tagen pro Jahr.)

14 Hier sind einige Zeitangaben durcheinander geraten. Ordne sie richtig. So viel Zeit wird benötigt:
a) tägliche
   Hausaufgaben: 120 bis 200 s
b) nächtlicher Schlaf: 1 bis 2 h
c) 500-m-Lauf: 20 bis 22 d
d) Arbeitszeit
   pro Woche: 30 bis 60 min
e) 6-km-Wanderung: 6 bis 7 Wochen
f) Winterschlaf
   eines Igels: 45 min
g) Ausbrüten
   eines Hühnereis: 35 bis 40 h
h) Sommerferien: 3 bis 4 Monate
i) eine Halbzeit
   beim Fußball: 8 bis 10 h

Sachrechnen: Längen, Gewicht, Zeit, Geld

9 Rechnen mit Zeitspannen

Der InterCityExpress (ICE) fährt um 5.53 Uhr in Stuttgart ab und erreicht sein Fahrziel Hamburg-Altona um 11.04 Uhr. Um die Fahrtdauer zu bestimmen, muss man die Differenz zwischen Ankunftszeit und Abfahrtszeit ausrechnen.

Abfahrt: 5.53 Uhr   Ankunft: 11.04 Uhr

5.53 Uhr —5 h— 10.53 Uhr

10.53 Uhr —11 min— 11.04 Uhr

Der Zug braucht also **5 h 11 min**.

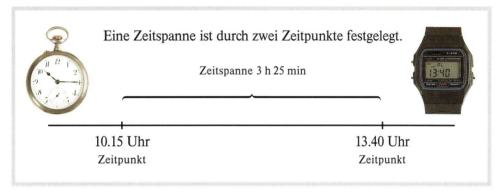

Eine Zeitspanne ist durch zwei Zeitpunkte festgelegt.

Zeitspanne 3 h 25 min

10.15 Uhr   13.40 Uhr
Zeitpunkt   Zeitpunkt

Zeitpunkt: Man schreibt 1.20 Uhr und spricht: „1 Uhr 20".
Zeitspanne: Man schreibt 1 h 20 min und spricht: „1 Stunde 20 Minuten".

Es gibt zwei Rechenmöglichkeiten:

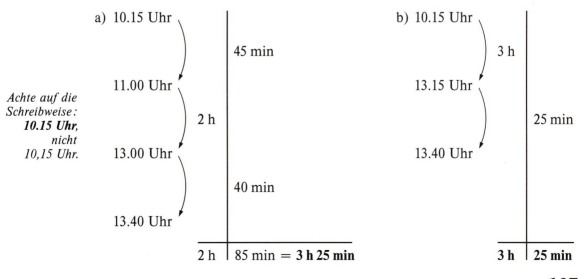

*Achte auf die Schreibweise: **10.15 Uhr**, nicht 10,15 Uhr.*

Sachrechnen: Längen, Gewicht, Zeit, Geld

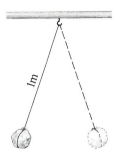

Befestige ein Gewicht (Schraube, Stein) an einer 1 m langen Schnur. Hänge dieses Pendel frei auf (Stab, Ast). Zähle nun die Schwingungen in 1 min. (Hin und zurück ist eine Schwingung.)

1 Berechne die Zeitspannen zwischen
a) 14.10 Uhr und 14.55 Uhr
   17.17 Uhr und 17.58 Uhr
b) 9.20 Uhr und 10.10 Uhr
   18.50 Uhr und 19.40 Uhr
c) 7.45 Uhr und 9.25 Uhr
   13.45 Uhr und 15.15 Uhr
d) 6.45 Uhr und 13.15 Uhr
   7.15 Uhr und 21.50 Uhr
e) 23.40 Uhr und 0.50 Uhr
   22.20 Uhr und 2.30 Uhr

2 Berechne auf zwei verschiedene Arten die Zeitspannen zwischen
a) 14.55 Uhr und 18.45 Uhr
b) 21.05 Uhr und 23.50 Uhr
c) 0.15 Uhr und 6.05 Uhr
d) 0.55 Uhr und 22.15 Uhr

3 Berechne die Ankunftszeit.

Abfahrt 7.15 Uhr; Fahrtdauer 2 h 15 min

7.15 Uhr —— 2 h —— 9.15 Uhr —— 15 min —— 9.30 Uhr

	Abfahrt	Fahrtdauer
a)	9.35 Uhr	3 h 20 min
b)	10.50 Uhr	2 h 10 min
c)	19.40 Uhr	2 h 40 min
d)	21.20 Uhr	1 h 50 min
e)	22.15 Uhr	2 h 50 min

4 Berechne die Abfahrtszeit.

Ankunft 15.25 Uhr; Fahrtdauer 55 min

15.25 Uhr —— 25 min —— 15.00 Uhr
15.00 Uhr —— 30 min —— 14.30 Uhr
            55 min

Die Abfahrt erfolgte um 14.30 Uhr

	Ankunft	Fahrtdauer
a)	12.55 Uhr	45 min
b)	13.57 Uhr	39 min
c)	17.25 Uhr	1 h 25 min
d)	19.55 Uhr	2 h 35 min
e)	21.15 Uhr	3 h 55 min
f)	2.45 Uhr	4 h 15 min

5 Das Flugzeug LH 365 von Stuttgart nach Hamburg landet nach 70 min Flug um 16.55 Uhr in Hamburg. Wann startete es?

6 Ordne richtig zu. Die Großbuchstaben ergeben ein Lösungswort.

0.20 Uhr bis 0.40 Uhr —— 20 min
a) 7.00 Uhr bis 8.30 Uhr
b) 9.00 Uhr bis 14.10 Uhr
c) 17.00 Uhr bis 21.45 Uhr
d) 20.35 Uhr bis 21.20 Uhr
e) 19.40 Uhr bis 23.45 Uhr
f) 23.15 Uhr bis 0.30 Uhr
g) 0.35 Uhr bis 4.15 Uhr
h) 22.20 Uhr bis 23.40 Uhr

1 h 30 min (H); 45 min (L); 220 min (I); 80 min (N); 245 min (E); $1\frac{1}{4}$ h (K); 4 h 45 min (R); 5 h 10 min (A).

7 Der InterCityExpress (ICE) 698 fährt um 9.53 Uhr in Stuttgart ab und erreicht Hannover um 13.38 Uhr. Wie lange ist er unterwegs?

8 An einer Hauptschule beginnt der Unterricht um 7.45 Uhr. Daniel hat einen 20 min langen Schulweg. Er soll aber 5 min vor Unterrichtsbeginn in der Klasse sein. Wann muss er spätestens losgehen?

9 a) Der InterCityExpress (ICE) 791 von Frankfurt nach München verlässt Frankfurt um 9.43 h. Er kommt nach 3 h 33 min in München an. Wie spät ist es bei der Ankunft des Zuges?
b) Benutzt man den InterRegio (IR) 247 (Abfahrt in Frankfurt um 9.50 h) bis Heidelberg und steigt in den InterCity (IC) 119 um, so erreicht man München um 14.12 h. Wie lange dauert diese Fahrt?
c) Vergleiche die Fahrtdauer des ICE mit der Fahrtdauer des IR/IC.

10 Berechne die Fahrzeiten zwischen den einzelnen Haltestellen.

STADTVERKEHR – LINIE 7	
Möbiusweg	8.17 Uhr
Mozartallee	8.29 Uhr
Haydnstr.	8.53 Uhr P
Einsteinstr.	9.07 Uhr

Sachrechnen: Längen, Gewicht, Zeit, Geld

11 Die Erde ist in verschiedene Zeitzonen eingeteilt. Ist es bei uns 12 Uhr, so zeigt die Uhr in New York erst 6 Uhr und in Sydney bereits 21 Uhr an.
a) Wie viel Uhr ist es in New York, wenn es bei uns 17 Uhr ist?
b) Wie viel Uhr ist es in Sydney, wenn es bei uns 15 Uhr (9 Uhr) ist?
c) In Sydney ist es 15.30 Uhr (9.30 Uhr). Wie viel Uhr ist es dann bei uns?

12 Auf Petras Armbanduhr ist es 13.51 Uhr. Sie hat sich mit Sina um 14.45 Uhr im Schwimmbad verabredet. Sie benötigt 3 min um ihr Fahrrad zu holen, 35 min für die Fahrt und etwa 4 min bis zum Treffpunkt. Wann muss sie spätestens die Wohnung verlassen?

13 Frau Steinlein möchte zwei Spätfilme im Fernsehen aufnehmen. Sie hat zwei Videokassetten zu Hause mit Laufzeiten von 180 min und 240 min.
a) Die Filme haben eine Länge von 1 h 45 min und 1 h 50 min. Kann sie die 180-min-Kassette nehmen?
b) Auf der 240-min-Kassette sind bereits 45 min aufgenommen. Kann man sie trotzdem für die Aufnahme verwenden?

14 Herr Klein baut sich ein Gewächshaus mit einem Bausatz. Er arbeitet am Montag 7 h 30 min, am Dienstag und Mittwoch jeweils 4 h 15 min und am Donnerstag 55 min daran. Stimmt die Behauptung des Herstellers: „In zwei Arbeitstagen (16 Stunden) aufzustellen!"?

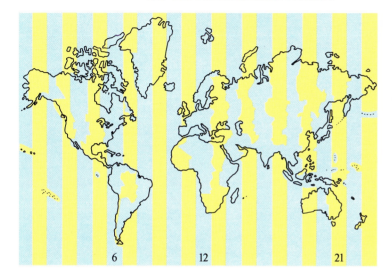

Basteln

Früher verwendete man verschiedene Geräte um die Zeit zu messen. Man versuchte z. B. sich am Stand der Sonne zu orientieren.
Um eine Sonnenuhr zu basteln werden folgende Materialien benötigt:
– ein gerader Stock (ca. 50 cm lang und nicht dicker als 1 cm),
– ein Blumentopf (der Stock sollte in das Loch im Boden passen),
– eine ebene, sonnenbeschienene Fläche.
Stelle den Blumentopf umgekehrt auf die Erde und stecke den Stock senkrecht in die kleine Öffnung des Topfes.
Nun musst du jede volle Stunde bei Sonnenschein dort eine Markierung auf die Erde machen, wo sich der Schatten des Stabes befindet. Je öfter du misst, desto genauer wird deine Sonnenuhr.
Natürlich kannst du auch andere Materialien benutzen, wie z. B. einen Metallstab und einen Holzblock, in den ein entsprechendes Loch gebohrt wird.

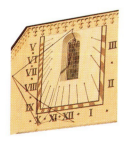

Sonnenuhr von Philipp Matthäus Hahn an der Stadtkirche in Balingen

Sachrechnen: Längen, Gewicht, Zeit, Geld

10 Geld

Auf der Abbildung oben siehst du in der Bildmitte einen 200-DM-Schein. Auf ihm ist der Mediziner und Chemiker Paul Ehrlich zu sehen. Rings um diesen Schein sind weitere Geldscheine abgebildet, die zusammengerechnet ebenfalls den Wert 200 DM haben.

*Bettina von Arnim
5-DM-Schein*

Die Einheiten unseres Geldes sind die Deutsche Mark und der Pfennig.

 1 Deutsche Mark = 100 Pfennig

1 DM = 100 Pf

Beispiel: a) 5 DM = 500 Pf b) 800 Pf = 8 DM
1,35 DM = 135 Pf   258 Pf = 2,58 DM
10,30 DM = 1030 Pf   55 Pf = 0,55 DM

Ab 1990 wurden neue Geldscheine eingeführt. Auf diesen Scheinen sind Kopfbildnisse berühmter deutscher Persönlichkeiten abgebildet. Auf dem 1000-DM-Schein sind die Gebrüder Grimm zu sehen und auf dem 500-DM-Schein die Malerin, Kupferstecherin und Insektenforscherin Maria Sibylla Merian.

Sachrechnen: Längen, Gewicht, Zeit, Geld

Clara Schumann
100-DM-Schein

1 Wandle um in Pf.
a) 5 DM; 17 DM; 55 DM; 1067 DM
b) 1,50 DM; 8,90 DM; 12,75 DM
c) 135,65 DM; 1001,05 DM; 10,40 DM
d) 400,65 DM; 5050,07 DM; 10 101,09 DM

2 Wandle um
485 Pf = 4 DM 85 Pf
a) in DM:
791 Pf; 1072 Pf; 90 710 Pf; 101 180 Pf
b) in Pf:
8 DM 21 Pf; 2 DM 5 Pf; 17 DM 71 Pf;
33 DM 9 Pf; 101 DM 15 Pf.

3 Wandle um in DM. Benutze die Kommaschreibweise.
a) 600 Pf; 967 Pf; 707 Pf
b) 10 560 Pf; 21 909 Pf; 45 005 Pf

4 Übertrage in dein Heft. Setze <, =, >. Wandle, wenn nötig, um.
a) 5 DM 50 Pf ☐ 5050 Pf
   50 DM 58 Pf ☐ 558 Pf
   23 DM 60 Pf ☐ 23 060 Pf
b) 12 DM 9 Pf ☐ 12 090 Pf
   7 DM 70 Pf ☐ 7007 Pf
   81 DM 80 Pf ☐ 81 080 Pf

Balthasar Neumann
50-DM-Schein

5 Gib die Summe der Geldbeträge in jeder Spalte an.

Anzahl der Geldstücke(-scheine)

	a)	b)	c)	d)
1 Pf	1	5		
2 Pf	1		2	2
5 Pf	1	3	1	1
10 Pf	2	7	4	3
50 Pf	1		3	5
1 DM	1	7	5	4
2 DM	1	3	4	6
5 DM	1	2	5	1
10 DM		3	4	
20 DM		3	1	2
50 DM	1			3
100 DM		2	1	3
200 DM				2

6 Zahle die angegebenen Beträge mit möglichst wenig Scheinen und Münzen.
a) 12 DM; 37 DM; 44 DM; 83 DM
b) 121 DM; 176 DM; 287 DM; 432 DM
c) 37,50 DM; 42,70 DM; 49,75 DM

7

Schreibe folgende Geldbeträge in der Kommaschreibweise.
a) dreiundvierzig Mark und fünfzehn Pfennig
b) vierhundertsechs Mark und zweiundzwanzig Pfennig
c) vierhundertsiebenundachtzig Mark und dreiunddreißig Pfennig
d) zehntausendvierhundertsechzig Mark und fünf Pfennig
e) diktiere deinem Nachbarn fünf weitere Geldbeträge

Früher war Geld unbekannt. Man tauschte die benötigten Waren (Naturaltausch). Diese Form des Handels hatte aber viele Nachteile. Man musste einen Tauschpartner suchen, der Wert der einzelnen Güter musste bestimmt werden und vieles mehr.
So entwickelte man im Laufe der Zeit ein allgemeines Tauschmittel. Dies waren am Anfang z. B. Muscheln oder Perlen. Gewicht und Material bestimmten den Wert des Tauschmittels. Begehrt waren die Edelmetalle Gold und Silber. Nun hatte man also den Handel Ware–Tauschmittel–Ware.
Die Lydier, ein Volk in Kleinasien, prägten schließlich Wertzeichen auf kleine Goldscheiben.

Sachrechnen: Längen, Gewicht, Zeit, Geld

11 Rechnen mit Geld: Addition und Subtraktion

Sarahs Freundinnen sind im Tennisclub. Sie möchte nun ebenfalls diesen Sport betreiben. Aus einem Sportkatalog hat sie die Teile herausgesucht, von denen sie glaubt, dass man sie braucht.

Tennisschläger: 150 DM
Tennisschuhe: + 99 DM
Hemd und Rock: + 135 DM
                     ₁ ₁
                     ─────────
                       384 DM

Sarah hat aber nur 350 DM auf ihrem Sparkonto. Es fehlen ihr noch:

$$384 \text{ DM} - 350 \text{ DM} = \mathbf{34 \text{ DM}}$$

Die Eltern geben ihr die fehlenden 34 DM.

 Man addiert, subtrahiert Geldbeträge, indem man

— zuerst in dieselbe Maßeinheit umwandelt,
— dann die Maßzahlen addiert, subtrahiert.

Beispiel 1:
Aufgabe: 560 Pf + 2 DM 35 Pf

Rechnung:
560 Pf   560 Pf
2 DM 35 Pf   + 235 Pf
                  ────────
                    795 Pf
                = **7 DM 95 Pf**

Beispiel 2:
5 DM 90 Pf − 350 Pf

5 DM 90 Pf   590 Pf
350 Pf   − 350 Pf
                  ────────
                    240 Pf
                = **2 DM 40 Pf**

Beispiel 3:
Aufgabe: 12,50 DM + 7,30 DM

Rechnung:
12,50 DM   1250 Pf
7,30 DM   + 730 Pf
                 ─────────
                   1980 Pf
                = **19,80 DM**

Beispiel 4:
17,75 DM − 9,45 DM

17,75 DM   1775 Pf
9,45 DM   − 945 Pf
                    ₁
                 ─────────
                    830 Pf
                = **8,30 DM**

Werden Geldbeträge in Kommaschreibweise angegeben, gibt es eine weitere Rechenmöglichkeit.

Achte auf Komma unter Komma.

  12,50 DM
+ 7,30 DM
──────────
  19,80 DM

  17,75 DM
− 9,45 DM
   ₁
──────────
   8,30 DM

Sachrechnen: Längen, Gewicht, Zeit, Geld

1
Achtung! Kopfarbeit!
a) 3 DM + 37 DM
17 DM + 25 DM
65 DM + 25 DM
b) 24 Pf – 17 Pf
67 Pf – 23 Pf
125 Pf – 86 Pf
c) 3 DM 50 Pf + 4 DM 50 Pf
9 DM 25 Pf + 13 DM 75 Pf
15 DM 80 Pf + 4 DM 20 Pf

2
a) 19 DM 65 Pf + 25 Pf
27 DM 23 Pf + 45 Pf
96 DM 83 Pf + 16 Pf
b) 3 DM 50 Pf + 80 Pf
7 DM 30 Pf + 85 Pf
13 DM 5 Pf + 95 Pf

3
a) 31 DM 80 Pf + 3 DM 15 Pf   34,95
105 DM 65 Pf + 2 DM 25 Pf   107,90
76 DM 64 Pf + 12 DM 15 Pf   88,79
b) 55 DM 25 Pf + 9 DM 95 Pf   65,20
71 DM 50 Pf + 7 DM 64 Pf   79,14
99 DM 91 Pf + 11 DM 94 Pf   111,85

4
a) 12 DM 60 Pf – 2 DM 50 Pf
17 DM 70 Pf – 6 DM 50 Pf
105 DM 90 Pf – 99 DM 40 Pf
b) 31 DM 70 Pf – 90 Pf
72 DM 55 Pf – 85 Pf
1 DM 14 Pf – 63 Pf
c) 21 DM 35 Pf – 7 DM 65 Pf
37 DM 65 Pf – 9 DM 90 Pf
105 DM 25 Pf – 99 DM 74 Pf

5
a) 555 Pf – 2 DM 75 Pf
b) 12 DM 65 Pf – 721 Pf
c) 29 DM 73 Pf – 212 Pf
d) 8 DM 99 Pf – 329 Pf
e) 5275 Pf – 3 DM 43 Pf
f) 3789 Pf – 28 DM 91 Pf

6
a) 5,50 DM + 3,40 DM
2,25 DM + 1,45 DM
17,36 DM + 0,53 DM
b) 2,19 DM + 1,79 DM
0,77 DM + 9,98 DM
91,09 DM + 2,93 DM

7
a) 12,75 DM – 3,45 DM
2,95 DM – 1,70 DM
3,25 DM – 1,10 DM
99,37 DM – 98,16 DM
b) 14,26 DM – 9,76 DM
9,13 DM – 1,99 DM
29,24 DM – 16,76 DM
41,66 DM – 24,67 DM

8
Karen möchte mit ihrer Freundin in die Eislaufhalle. Der Eintritt kostet für beide 13,50 DM. Karen bezahlt 7,80 DM. Was legt ihre Freundin noch dazu?

9
Du möchtest einen Walkman kaufen. Er kostet 78 DM. In deiner Sparbüchse sind 27,50 DM.
Wie viel musst du von deinem Sparbuch zusätzlich abheben?

10
Beim Einkaufen kann man manchmal viel Geld sparen, wenn man die Preise ähnlicher Waren vergleicht. So kostet der gleiche Computer im ersten Geschäft 1180 DM, im zweiten Geschäft 1299 DM und im dritten 1450 DM.
Wie viel kann man durch günstigen Einkauf mindestens (höchstens) sparen?

11
Im Einkaufswagen befinden sich folgende Waren:
$\frac{1}{2}$ Pfund Butter (2,50 DM), eine Packung Eier (2,80 DM), eine Tafel Schokolade (99 Pf), ein Brot (2,30 DM), ein Kasten Mineralwasser (3,49 DM) und ein Glas Gurken (1,39 DM).
Der Kassenzettel zeigt folgenden Endbetrag:

a) Rechne nach, ob der Kassierer richtig eingetippt hat.
b) Siegfried bezahlt mit einem 50-DM-Schein. Wie viel DM bekommt er zurück?

Carl-Friedrich Gauß
10-DM-Schein

Anna (Annette)
Freiin von
Droste-Hülshoff
20-DM-Schein

Sachrechnen: Längen, Gewicht, Zeit, Geld

12 Rechnen mit Geld: Multiplikation und Division

Die Attraktionen, die bei den Besuchern von Jahrmärkten Nervenkitzel hervorrufen sollen, werden immer aufwendiger. Moderne Achterbahnen haben bereits fünf Loopings. Für die Besucher wird die zum Teil sehr kurze Fahrt zunehmend zu einem teuren Vergnügen. Die Aussteller dagegen müssen pro Fahrt einen bestimmten Preis „einfahren", damit sich der Kauf der teuren Geräte lohnt. Eine Fahrt mit der Achterbahn kostet 12 DM. Bei vollbesetztem Zug sind 16 Personen unterwegs. Wie viel DM erhält der Besitzer pro Fahrt?

16 · 12 DM = 192 DM

Der Besitzer erhält pro Fahrt 192 DM.

Geldbeträge können mit einer Zahl multipliziert werden:

5 DM · 8 = (5 · 8) DM = 40 DM

Geldbeträge können durch eine Zahl dividiert werden:

56 Pf : 7 = (56 : 7) Pf = 8 Pf

Beispiel 1:

a) 9 DM · 15 = (9 · 15) DM = **135 DM**
b) 121 Pf : 11 = (121 : 11) Pf = **11 Pf**
c) 29 Pf · 6 = (29 · 6) Pf = **174 Pf**
d) 378 DM : 18 = (378 : 18) DM = **21 DM**

Beispiel 2:

a) 14 DM 50 Pf · 6 = 1450 Pf · 6
                = (1450 · 6) Pf
                = 8700 Pf
                = **87 DM**

b) 98 DM 40 Pf : 12 = 9840 Pf : 12
                 = (9840 : 12) Pf
                 = 820 Pf
                 = **8 DM 20 Pf**

Treten in einer Multiplikation oder Division Kommazahlen oder gemischte Geldangaben auf, dann wandle diese in kleinere Einheiten um.

Beispiel 3:

a) 6,50 DM · 4 = 650 Pf · 4
             = (650 · 4) Pf
             = 2600 Pf
             = **26,00 DM**

b) 13,60 DM : 17 = 1360 Pf : 17
               = (1360 : 17) Pf
               = 80 Pf
               = **0,80 DM**

Sachrechnen: Längen, Gewicht, Zeit, Geld

1
a) 4 DM · 16
9 DM · 15
7 DM · 16
b) 2 DM 20 Pf · 4
9 DM 10 Pf · 6
6 DM 20 Pf · 5
c) 1 DM 40 Pf · 5
11 DM 50 Pf · 7
8 DM 70 Pf · 6
d) 19 DM 45 Pf · 5
27 DM 59 Pf · 7
48 DM 99 Pf · 9

2 Wandle zuerst in die kleinere Einheit um. Gib das Ergebnis in DM und Pf an.
a) 2,20 DM · 3
3,10 DM · 4
11,20 DM · 5
b) 6,30 DM · 7
4,40 DM · 6
3,70 DM · 5
c) 4,75 DM · 3
8,90 DM · 4
17,85 DM · 7
d) 4,98 DM · 9
7,99 DM · 4
9,99 DM · 11

3
a) 8,75 DM : 5
7,20 DM : 8
9,60 DM : 12
b) 14,40 DM : 12
60,50 DM : 11
163,80 DM : 13

4 Ergänze die fehlenden Werte.

·	a) 7	b) 9	c) 20
18 DM			
1,75 DM			
2,88 DM			
		108 DM	
			147,20 DM

5 Eine Flasche Mineralwasser kostet 40 Pf. Wie teuer sind 12 Flaschen?

6 Bei der Reparatur deines Recorders werden 3 Arbeitsstunden vom Händler notiert. Eine Arbeitsstunde kostet 45,50 DM.
Welchen Rechnungsbetrag musst du bezahlen?

7 Peter bekommt ein neues Fahrrad. Seine Großeltern und Eltern teilen sich den Preis von 596 DM je zur Hälfte. Was zahlen die Eltern?

8 Ein Gewinn von 138 000 DM soll an 12 Personen verteilt werden. Wie viel DM bekommt jede Person?

200 000 DM   *320 m Eiffelturm*

9 Der Stundenlohn einer Sachbearbeiterin beträgt 23,70 DM. Sie arbeitet 7 Stunden pro Tag, 5 Tage in der Woche. Berechne den Tages(Wochen-)verdienst.

10

★★ **SONDERANGEBOT** ★★
3 Hemden   **58,50 DM**
1 Hemd   **19,80 DM**

Wie viel kann man beim Kauf von drei Hemden sparen?

11 Petra ist ein begeisterter Computerfan und möchte deshalb ein Computermagazin abonnieren. Dieses erscheint monatlich und kostet im Laden 7 DM. Im Jahresabonnement muss sie 78,60 DM zahlen. Wie viel kostet das Einzelheft im Abonnement?

> Man kann auch Geldbeträge durch Geldbeträge teilen.
> Ein Schüler hat in den Ferien gejobt. Er hat (in 14 Tagen) 720 DM verdient. Sein Stundenlohn betrug 12 DM. Wie viel Stunden hat er gearbeitet?
> Rechnung:
> 720 DM : 12 DM = **60**
> Er hat 60 Stunden gearbeitet.

12
a) 450 DM : 25 DM
169 DM : 13
b) 7,50 DM : 0,50 DM
187,50 DM : 12,50 DM
c) 3,55 DM : 5 Pf
8,12 DM : 0,07 DM

13 Die Unterkunfts- und Verpflegungskosten für einen Schullandheimaufenthalt betragen 8736 DM. Jedes Kind muss 312 DM zahlen.
Wie viele Teilnehmer sind dabei?

Sachrechnen: Längen, Gewicht, Zeit, Geld

13 Vermischte Aufgaben

1 Übertrage in dein Heft und streiche die Einheiten durch, die nicht zu den abgebildeten Gegenständen passen.

1) d; g; DM; kg; h; t; s; mm

2) m; s; ℓ; t; kg; h; min; Pf

3) min; t; Pf; kg; s; h; g; cm

4) h; m; s; t; kg; DM; g; d

2 Wandle zuerst in eine kleinere Einheit um, so dass du ohne Komma rechnen kannst.
a) 4 m + 30 cm + 125 cm + 6 dm
b) 25 cm + 43 mm + 2 dm + 27 mm
c) 2 m 5 dm + 19 dm + 1 m 3 dm
d) 3,63 m − 20 cm + 0,04 m + 4 cm
e) 1,23 m − 4 dm 6 cm + 7 dm 1 cm
f) 9 m − 4 m 7 dm − 39 cm
g) 24,3 m · 25
h) 2,385 km : 45

3 a) Addiere zwei nebeneinander stehende Gewichte und trage das Ergebnis in das darüber liegende Kästchen ein.
b) Subtrahiere das kleinere Gewicht vom größeren und trage das Ergebnis in das darunter liegende Kästchen ein.

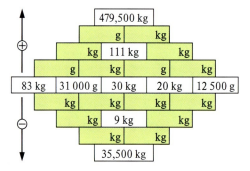

4 Wie viel fehlt jeweils noch zu 1 m?
a) 99 cm; 84 cm; 57 cm; 23 cm; 14 cm
b) 9 dm; 8 dm 4 cm; 5 dm 9 cm
c) 0,23 m; 0,56 m; 0,11 m; 0,03 m

5 Ergänze die fehlenden Werte.
a) 47 kg + ❊ = 53 kg
   ❊ − 12,200 kg = 17,400 kg
   144 t : ❊ = 12 t
   100 kg − ❊ + 12,500 kg = 95 kg
b) 3 h + ❊ = 205 min
   8 min − ❊ = 428 s
   1 h 15 min − ❊ = 44 min
   ❊ − 12 min = 49 min
c) 305 Pf − ❊ = 155 Pf
   2 DM 45 Pf + ❊ = 3 DM 15 Pf
   ❊ + 1 DM 15 Pf = 4 DM
   1,79 DM · ❊ = 8,95 DM

6 Wie spät ist es jetzt, wenn es vor einer halben Stunde
a) 7.29 Uhr; 19.13 Uhr; 0.07 Uhr
b) 8.41 Uhr; 9.52 Uhr; 14.32 Uhr war?

7 Beim Hochsprung erreichte Timo eine Höhe von 95 cm, Carla 1 m 9 cm. Um wie viel cm sprang Carla höher als Timo?

8 In einem Bücherregal steht eine Lexikonreihe, die aus 20 Bänden besteht. Jeder Band ist 65 mm dick. Wie viel cm (m) „Fressstrecke" hat ein Bücherwurm zurückgelegt, der sich durch alle Bände gefressen hat?

9 Einen sehr merkwürdigen Rekord hält S. Weldon. Er verschlang in weniger als 30 Sekunden 91,40 m Spaghetti. Wie viele Spaghetti von je 20 cm Länge wären dies?

10 Mediziner sind der Meinung, dass die Schultasche eines Schülers nicht mehr als den 10. Teil des Körpergewichts wiegen sollte.
Berechne, wie schwer die Tasche bei folgenden Schülern und Schülerinnen dann höchstens sein darf: Karl (50 kg), Nadine (48 kg 500 g) und Inka (52,500 kg).

Sachrechnen: Längen, Gewicht, Zeit, Geld

11 Familie Braun fuhr um 9.30 Uhr von zu Hause ab in den Urlaub. Die reine Fahrzeit betrug 3 h 15 min, sie stand aber 90 min im Stau und machte 30 min Rast. Konnte Familie Braun den Wohnungsschlüssel der Ferienwohnung bis 16.00 Uhr abholen?

12 Eine Boeing 747 verbraucht rund 16 t Treibstoff pro Stunde. Der Flug von Frankfurt nach Moskau dauert 3 h 30 min. Wie viel Treibstoff wird verbraucht?

13 Ein Aufzug hat eine Tragfähigkeit von 900 kg oder 12 Personen. Mit welchem Gewicht pro Person wird hier gerechnet?

14 Seit 1979 gibt es ein Europäisches Zahlungsmittel — den ECU. Diese Währung orientiert sich an den einzelnen Währungen in Europa. Ein ECU hat einen Wert von 2,10 DM.
a) Wie viel ECU erhält man für 157 500 DM?
b) Wie viel DM ergeben 25 600 ECU?

15 Stefanie bekommt in der Woche 15 DM Taschengeld. Sie möchte sich ein Rennrad für 367,50 DM kaufen. Wie lange muss sie ihr Taschengeld sparen?

16 Eine Schnecke legt in der Stunde 2,5 m zurück, eine Ameise in derselben Zeit 90 m.
a) Wie viel min benötigt die Schnecke für 7,5 m und die Ameise für 225 m?
b) Wie lange braucht die Schnecke, bis sie dieselbe Strecke zurückgelegt hat, die die Ameise in 2 h zurücklegt?

17 Familie Walzer verbringt ihren 14-tägigen Urlaub im Hotel „Kurblick" in Isny. Die Eltern haben ein Doppelzimmer und für die Tochter ein Einzelzimmer mit Halbpension gebucht. Der Wagen steht in der Hotelgarage. Wie teuer wird der Hotelaufenthalt?

HOTEL »KURBLICK«
PREISLISTE
Die Preise gelten pro Person für Übernachtung mit Frühstück inklusive Bedienung und Mehrwertsteuer. Die Kurtaxe der Stadt Isny beträgt DM 1,10 pro Person und Tag.

Doppelzimmer	DM 81,00
Einzelzimmer	DM 99,00
Suite (2 Räume)	DM 126,00
Halbpensionzuschlag	DM 28,00
Vollpensionzuschlag	DM 44,00
Garage (pro Tag)	DM 5,00
Zimmerservice	DM 3,00

18 Luft ist sehr leicht. Zehn Liter Luft wiegen ungefähr 13 g. Das Gas Wasserstoff ist noch leichter. Hundert Liter davon wiegen nur 9 g.
a) In einem Klassenzimmer sind ungefähr 250 000 ℓ Luft. Wie viel wiegt diese Luft?
b) Um wie viel Gramm sind 1000 ℓ Luft schwerer als 1000 ℓ Wasserstoff?
c) Wie viel ℓ Wasserstoff braucht man um das Gewicht von 8190 ℓ Luft zu erhalten?

19 Auf dem Bau von Familie Horch sind vier Handwerker beschäftigt. Sie arbeiten täglich 7 h und benötigen für die anfallenden Arbeiten sechs Tage. Wo sind Fehler in der Rechnung?

RECHNUNG

174 Arbeitsstd. zu 44,– DM		7656,– DM
5 Baggerstd. zu 135,– DM		695,– DM
Rechnungsbetrag		8351,– DM

Sachrechnen: Längen, Gewicht, Zeit, Geld

KALE

Der Kalender ist eine Einteilung der Zeit in Jahre, Monate und Tage. Dabei ist ein Tag die Zeit, die die Erde braucht, um sich einmal um sich selbst zu drehen. Ein Jahr ist die Zeit, die die Erde benötigt, um einmal die Sonne zu umrunden. Das sind genau 365 Tage 5 Stunden 48 Minuten 46 Sekunden.

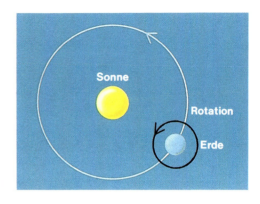

Julius Cäsar (römischer Kaiser) führte 46 v. Chr. eine Kalenderreform durch. Er ging davon aus, dass ein Jahr genau 365 Tage 6 Stunden lang sei. In einem Kalender können aber nur ganze Tage gezählt werden. Deshalb folgt auf drei Jahre mit 365 Tagen jeweils ein Jahr mit 366 Tagen (Schaltjahr).
Da dieser **Julianische Kalender** (nach Julius Cäsar) immer noch ein wenig zu ungenau war, nahm Papst Gregor XIII 1582 nochmals eine kleine Änderung vor (**Gregorianischer Kalender**). Nun weicht das Kalenderjahr in etwa 3000 Jahren nur noch um 1 Tag von der Sonnenumlaufzeit ab.

Nicht alle Menschen auf der Erde haben die Geburt Christi als Beginn ihrer Zeitzählung genommen. Bei den islamischen Völkern ist der Beginn der Zeitrechnung unser Jahr 622 n. Chr. In diesem Jahr musste der Prophet Mohammed die Stadt Mekka verlassen.

NDER

Jahre

1901 – 2000	2001 – 2091
25 53 81	09 37 65
26 54 82	10 38 66
27 55 83	11 39 67
28 56 84	12 40 68
01 29 57 85	13 41 69
02 30 58 86	14 42 70
03 31 59 87	15 43 71
04 32 60 88	16 44 72
05 33 61 89	17 45 73
06 34 62 90	18 46 74
07 35 63 91	19 47 75
08 36 64 92	20 48 76
09 37 65 93	21 49 77
10 38 66 94	22 50 78
11 39 67 95	23 51 79
12 40 68 96	24 52 80
13 41 69 97	25 53 81
14 42 70 98	26 54 82
15 43 71 99	27 55 83
16 44 72 00	28 56 84
17 45 73	01 29 57 85
18 46 74	02 30 58 86
19 47 75	03 31 59 87
20 48 76	04 32 60 88
21 49 77	05 33 61 89
22 50 78	06 34 62 90
23 51 79	07 35 63 91
24 52 80	08 36 64

Monate

Januar	Februar	März	April	Mai	Juni	Juli	August	September	Oktober	November	Dezember
4	0	0	3	5	1	3	6	2	4	0	2
5	1	1	4	6	2	4	0	3	5	1	3
6	2	2	5	0	3	5	1	4	6	2	4
0	3	4	0	2	5	0	3	6	1	4	6
2	5	5	1	3	6	1	4	0	2	5	0
3	6	6	2	4	0	2	5	1	3	6	1
4	0	0	3	5	1	3	6	2	4	0	2
5	1	2	5	0	3	5	1	4	0	2	4
0	3	3	6	1	4	6	2	5	0	3	5
1	4	4	0	2	5	0	3	6	1	4	6
2	5	5	1	3	6	1	4	0	2	5	0
3	6	0	3	5	1	3	6	2	4	0	2
5	1	1	4	6	2	4	0	3	5	1	3
6	2	2	5	0	3	5	1	4	6	2	4
0	3	3	6	1	4	6	2	5	0	3	5
1	4	5	1	3	6	1	4	0	2	5	0
3	6	6	2	4	0	2	5	1	3	6	1
4	0	0	3	5	1	3	6	2	4	0	2
5	1	1	4	6	2	4	0	3	5	1	3
6	2	3	6	1	4	6	2	5	0	3	5
1	4	4	0	2	5	0	3	6	1	4	6
2	5	5	1	3	6	1	4	0	2	5	0
3	6	6	2	4	0	2	5	1	3	6	1
4	0	1	4	6	2	4	0	3	5	1	3
6	2	2	5	0	3	5	1	4	6	2	4
0	3	3	6	1	4	6	2	5	0	3	5
1	4	4	0	2	5	0	3	6	1	4	6
2	5	6	2	4	0	2	5	1	3	6	1

Tage

Montag	2	9	16	23	30	37
Dienstag		3	10	17	24	31
Mittwoch		4	11	18	25	32
Donnerstag		5	12	19	26	33
Freitag		6	13	20	27	34
Samstag		7	14	21	28	35
Sonntag	1	8	15	22	29	36

„Ewiger" Kalender

Mit Hilfe des Ewigen Kalenders kann leicht festgestellt werden, auf welchen Wochentag ein ganz bestimmter Tag gefallen ist oder fallen wird.

Beispiel: Auf welchen Wochentag fiel der 16. Dezember 1954?

Wenn du von der Jahreszahl 1954 (blaue Tabelle) aus nach rechts bis zur Spalte des Monats Dezember (grüne Tabelle) gehst, dann findest du dort eine 3.

Hierzu addierst du 16 (**16.** Dezember): $3 + 16 = 19$.

In der gelben Tabelle steht die 19 in der Zeile „Donnerstag". Der 16. 12. 1954 war also ein Donnerstag.

Arbeitsaufträge:

1. Überprüfe den Wochentag des heutigen Datums mit Hilfe des „Ewigen Kalenders".
2. An welchem Wochentag bist du geboren (deine Eltern, Geschwister, Großeltern, Freunde usw.)?
3. Finde heraus, ob es in deiner Verwandtschaft, in deinem Freundeskreis oder in deiner Klasse „Sonntagskinder" gibt.
4. Auf welchen Wochentag fiel der Tag der deutschen Wiedervereinigung?
5. An welchem Wochentag betrat der erste Mensch den Mond? Wie war sein Name?
6. Untersuche weitere für dich wichtige Daten.

TEST

Lies vor dem Test die Hinweise auf Seite 4. Und dann: „Viel Erfolg beim Lösen der Aufgaben."

Leicht
Jede Aufgabe: 2 Punkte

1 Wandle um.
a) 4 kg in Gramm
b) 3 kg 200 g in Gramm
c) 65 dm in Zentimeter
d) 8 min in Sekunden

2
a) 3 m + 4 dm + 2 cm
b) 13 kg + 7 kg + 500 g
c) 7 DM − 1 DM 15 Pf
d) 4 h − 2 h 15 min

3
a) 3 kg · 14
b) 24 DM 50 Pf : 7

4 Ein Museum hatte 1990 Einnahmen in Höhe von 1 404 000 DM und Ausgaben von 1 370 000 DM. Berechne die Differenz.

5 Herr Meyer benötigt jeden Tag vier Stunden um die Hausarbeit zu machen.
Wie viel Stunden arbeitet er im Monat (30 Tage) und im Jahr (365 Tage) im Haushalt?

Mittel
Jede Aufgabe: 3 Punkte

1 Wandle um.
a) 5 t in Gramm
b) 4 Tage 12 h in Stunden
c) 8 dm 9 cm in Zentimeter

2
a) 2 dm + 4 m + 3,1 dm
b) 2 t − 350 kg + 1 t 500 kg
c) 12 h 20 min − 3 h 45 min

3
a) 2 kg 50 g · 17
b) 7 DM 75 Pf : 25
c) 21 km 375 m : 75

4 Frau Gmeiner arbeitet als Zahnarzthelferin. Sie verdient pro Stunde 18,75 DM.
Wie viel verdient sie in einer 38-Stunden-Woche?

5 Bettina ist Auszubildende in einem Friseurgeschäft. Um ihren Arbeitsplatz in Ordnung zu halten wendet sie in der Woche 75 min auf.
Wie viel Zeit wendet sie in einem Monat (4 Wochen) und in einem Jahr (52 Wochen) dafür auf?

Schwierig
Jede Aufgabe: 4 Punkte

1 Wandle um.
a) 2 t 5 kg in Gramm
b) 0,050 kg in Gramm
c) 4 dm 8 cm 3 mm in Millimeter
d) 1 Tag 3 h 50 min in Minuten

2
a) 1 t + 0,756 t + 955 kg + 4 kg
b) 1 h + 75 min + 2 h 5 min
c) 3 DM 5 Pf − 99 Pf + 0,65 DM
d) 3,745 km + 1 km 619 m − 74 m

3
a) 27,200 kg : ◇ = 1,700 kg
b) 33 km : ◇ = 2,75 km

4 Herr Lang und Herr Kurz arbeiten bei derselben Firma. Herr Kurz verdient im Monat (160 h) 4200 DM, Herr Lang in der Woche (38 h) 1064 DM.
Wer hat den höheren Stundenlohn?

5 Monika arbeitet während der Ferien in einem Baumarkt. Pro Tag muss sie $7\frac{1}{2}$ Stunden arbeiten. Für den Weg von und zur Arbeitsstelle muss sie jeweils nochmals 20 min einplanen.
Wie viel Stunden hat Monika in den 30 Arbeitstagen insgesamt für ihren Ferienjob aufgewandt?

Ermittle nun anhand der Lösungen auf Seite 140 deine erzielte Punktzahl.

5 Geometrie II

Früher waren Felder und Wiesen klein und in ihrer Form der natürlichen Umgebung angepasst. Seit zum Säen und Ernten große Maschinen eingesetzt werden, hat man die Form und die Größe der Felder verändert. Dabei eignen sich rechteckige Formen besonders für die Bearbeitung mit Maschinen.

1 Rechteck und Quadrat

Eine Flagge war ursprünglich das von Schiffen geführte Zeichen der Heimatstadt, später des Heimatlandes. Etwa um 1700 entstanden die ersten Nationalflaggen. Links sind 15 Nationalflaggen von Ländern abgebildet, die zur „Europäischen Union" (EU) gehören. Die große Flagge mit den Sternen auf blauem Grund ist die Flagge der „Europäischen Union". Obwohl jedes Land der Erde seine Flagge anders gestaltet, haben alle die Form eines **Rechtecks**.

Es gibt zwar viele verschiedene Formen von Vierecken; wir beschäftigen uns hier aber nur mit Rechteck und Quadrat.

Vereinbart ist, die Eckpunkte gegen den Uhrzeigersinn mit Großbuchstaben zu bezeichnen.

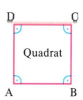

Eigenschaften
- je 2 gegenüber liegende Seiten sind gleich lang und parallel
- benachbarte Seiten verlaufen senkrecht zueinander (4 rechte Winkel)

Eigenschaften
- das Quadrat ist ein Rechteck
- alle 4 Seiten sind gleich lang

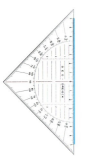

Beispiel 1: Zeichnen eines Rechtecks (Länge 6 cm; Breite 4 cm) mit dem Geodreieck.

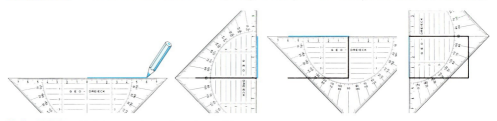

Rechter Winkel **Beispiel 2:** Zeichnen eines Quadrats (Seitenlänge 4 cm) mit dem Geodreieck.

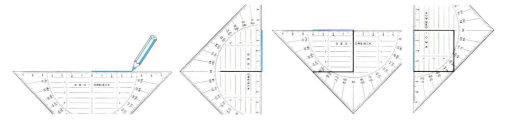

122 Geometrie II

1 a) Nenne je drei Gegenstände mit rechteckigen Flächen aus deiner Schultasche und aus deinem Klassenzimmer.
b) Notiere 5 weitere Gegenstände mit rechteckigen Flächen.

2 Zeichne 6 Verkehrszeichen, die rechteckig oder quadratisch sind. Gib auch ihre Bedeutung an.

3 Welche der folgenden Figuren sind
a) Rechtecke, b) Quadrate?

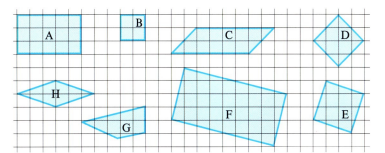

4 Zeichne je ein Quadrat mit der Seitenlänge
a) 3 cm b) 4 cm c) 65 mm.

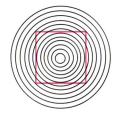

5 Ist das nebenstehende Viereck ein Quadrat?
Überprüfe mit dem Geodreieck.

6 Zeichne mit Hilfe des Geodreiecks folgende Rechtecke in dein Heft.

	Länge	Breite
a)	4 cm	2 cm
b)	5 cm	3 cm
c)	52 mm	26 mm
d)	68 mm	24 mm
e)	5,5 cm	2,5 cm
f)	7,5 cm	4,5 cm

7 Zeichne das Rechteck ins Heft.

Gib jeweils an, welche Strecken
a) senkrecht, b) parallel
zueinander verlaufen.

8 Übertrage die folgenden Strecken ins Heft und ergänze jeweils
a) zu einem Quadrat,

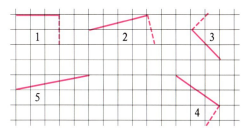

b) zu einem Rechteck.

9 Zeichne folgende Rechtecke (Quadrate) auf Papier ohne Karos. Kannst du schon vor dem Zeichnen beurteilen, ob ein Quadrat entstehen wird?

	Länge	Breite
a)	7 cm	3 cm
b)	6 cm	4 cm
c)	5 cm	5 cm
d)	35 mm	35 mm
e)	6,2 cm	4,9 cm
f)	8,4 cm	84 mm

10 Übertrage die folgenden Figuren auf Karopapier und schneide sie aus. Zerlege sie durch einen Schnitt und setze die Teile jeweils zu einem Rechteck zusammen.

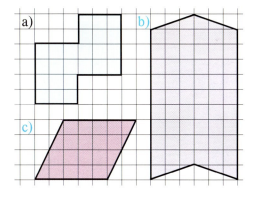

Geometrie II **123**

11 a) Setze das angefangene Bild so lange fort, bis du sechs Quadrate hast. Gib die Seitenlänge des letzten Quadrats an.

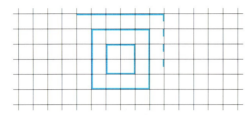

b) Zeichne ebenso sechs Rechtecke. Beginne dabei mit einem Rechteck, das 2 cm lang und 1 cm breit ist. Wie lang und breit ist das sechste Rechteck?
c) Ergänze im Heft auf vier Quadrate.

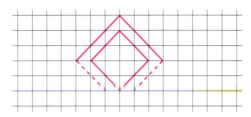

Welche Seitenlänge hat das vierte Quadrat?

12 Wie viele Quadrate kannst du in der nebenstehenden Figur finden? Die Anzahl **aller** Quadrate hat die Quersumme 8.

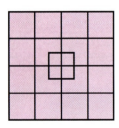

13 Die in das unten stehende Rechteck farbig eingezeichneten Strecken nennt man Diagonalen.

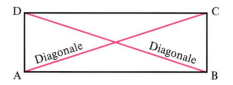

a) Zeichne in ein Rechteck (Länge 8 cm; Breite 6 cm) die beiden Diagonalen ein und miss die Längen.
b) Wie lang sind die Diagonalen eines 12 cm langen und 9 cm breiten Rechtecks?

14 Ein Rechteck ist 16 cm lang. Seine Breite ist 4 cm kürzer als die Länge.
a) Wie breit ist das Rechteck?
b) Wie lang sind die Diagonalen?

15 Zeichne ein Quadrat mit der Seitenlänge 5 cm in dein Heft. Trage die Diagonalen ein. Wie stehen die Diagonalen zueinander?

16 Ein Schachbrett besteht aus 64 kleinen Quadraten. Wie viele solcher Quadrate bräuchte man um an allen Seiten eine weitere Reihe Quadrate zu legen?

???

Knobeln 1

a) Lege die Figur mit 12 Streichhölzern nach. Nimm zwei Hölzer so weg, dass zwei unterschiedlich große Quadrate übrig bleiben.
b) Lege in der ursprünglichen Figur drei Hölzer so um, dass drei gleich große Quadrate entstehen.
c) Findest du weitere Knobelaufgaben, die mit 12 Streichhölzern zu legen sind?

Knobeln 2
Lege von den folgenden 16 Streichhölzern 4 so um, dass 4 gleich große Quadrate entstehen.

Knobeln 3

Nimm drei der 15 Streichhölzer so weg, dass nur noch drei gleich große Quadrate übrig bleiben.

2 Parallelogramm und Raute

Die Pilatusbahn bei Luzern (Schweiz) ist die steilste Zahnradbahn der Welt. Damit die Fahrgäste bei dem steilen Anstieg nicht auf einem schrägen Fußboden stehen müssen, sind die einzelnen Abteile stufenförmig angeordnet. In der nebenstehenden Zeichnung fällt auf, dass Türen und Fenster, aber auch Vorder- und Rückseite der Bahn nicht senkrecht zum Boden sind. Die Umrisslinie eines Eisenbahnwagens bildet meist ein Rechteck, die Seitenansicht dieser Zahnradbahn aber zeigt ein **Parallelogramm**.

Nach Rechteck und Quadrat lernt ihr hier zwei weitere Vierecke kennen: das **Parallelogramm** und die **Raute**.

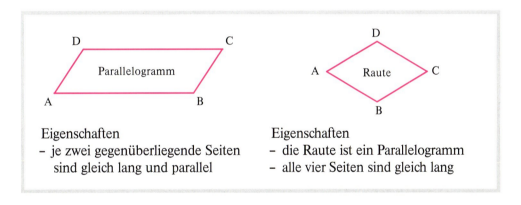

Eigenschaften
- je zwei gegenüberliegende Seiten sind gleich lang und parallel

Eigenschaften
- die Raute ist ein Parallelogramm
- alle vier Seiten sind gleich lang

Beispiel 1: Zeichnen eines Parallelogramms mit Hilfe der Heftkaros.

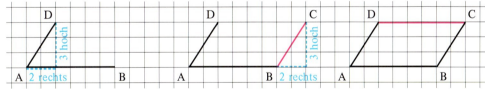

Diese Art ein Parallelogramm zu zeichnen ist nur dann sinnvoll, wenn die gegebenen Eckpunkte auf einem Gitterpunkt liegen.

Beispiel 2: Zeichnen eines Parallelogramms mit Hilfe des Geodreiecks.

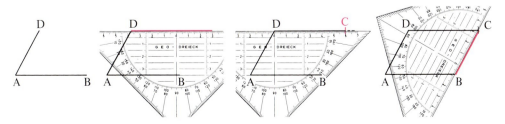

Geometrie II **125**

Die Raute tritt oft auch als Wanderwegzeichen auf, so z. B.

1 Nenne fünf Dinge deiner Umwelt, die parallelogrammförmig oder rautenförmig sind.

2 Welche der folgenden Vierecke sind
a) Parallelogramme, b) Rauten?

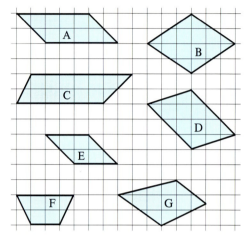

3 Übertrage die Strecken in dein Heft und ergänze jeweils zu einem Parallelogramm.

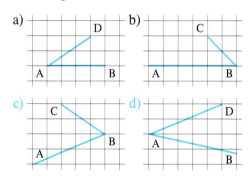

4 Die beiden Strecken sind jeweils Seiten einer Raute. Zeichne die vollständigen Rauten ins Heft.

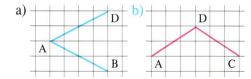

5 Zeichne drei verschiedene Parallelogramme, deren Seiten 3 cm und 5 cm lang sind. Nimm das Geodreieck zur Hilfe.

6 Ein Parallelogramm hat die Eckpunkte
a) A(3|2); B(14|2); D(5|10)
b) A(2|4); B(12|1); D(2|19)
c) A(4|1); B(14|4); D(7|8)
Zeichne jeweils das Parallelogramm und gib die Gitterzahlen des Punktes C an.

7 a) Übertrage die Diagonalen $\overline{AC}$ und $\overline{BD}$ ins Heft. Ergänze zu einer Raute.

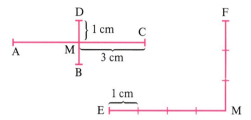

b) Die Strecken $\overline{EM}$ und $\overline{FM}$ sind halbe Diagonalen. Zeichne sie in ihrer ganzen Länge ins Heft. Ergänze zur Raute. Wie lang sind die Seiten der Raute?

8 a) Wie viele Rauten erkennst du in der Figur?

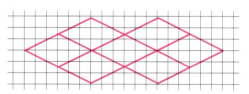

b) Wie viele Parallelogramme erkennst du, die keine Rauten sind?

9 Valentin „spielt" mit dem Metermaß (Zollstock).
a) Er formt dabei ein Parallelogramm mit einem 200 cm langen Metermaß. Er knickt den Zollstock erstmals bei 40 cm. Wie lang sind die Seiten des Parallelogramms?

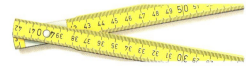

b) Wie groß wäre die Seitenlänge der größtmöglichen Raute, die er mit dem 2-m-Zollstock bilden könnte? Beachte, dass man den Zollstock nur an bestimmten Stellen knicken kann.

3 Umfang von Rechteck und Quadrat

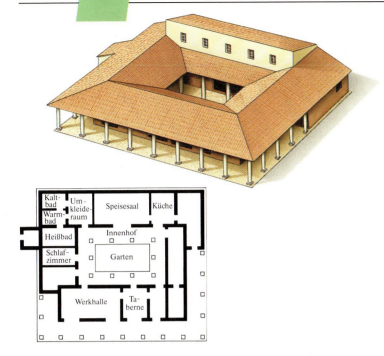

Vor zweitausend Jahren lebten die Römer auch im Gebiet des heutigen Baden-Württemberg. Sie waren geschickte Baumeister und Techniker. Sie verbesserten das Straßennetz und legten neue Siedlungen und Städte an. Ihre Wohnungen waren für die damalige Zeit sehr komfortabel. Außerdem verfügten die Räume über eine Heizung und eine Wasserleitung.
Die Römer bevorzugten Häuser mit quadratischem oder rechteckigem Grundriss, meist mit Innenhof. Diese Innenhöfe waren oft von einem Säulengang umschlossen.

Addiert man die Längen der vier Innenhofseiten, so erhält man den **Umfang** des Innenhofes.

*Ausführlich:
Der Umfang eines Rechtecks ist doppelt so groß wie Länge und Breite zusammen.*

*Kurz als **Formel**:*
$U_R = 2 \cdot (a + b)$

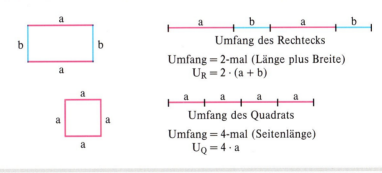

Die Länge der Begrenzungslinie einer (ebenen) Figur heißt **Umfang** (U).
Beim Rechteck und Quadrat lässt sich der Umfang besonders leicht berechnen.

Umfang des Rechtecks
Umfang = 2-mal (Länge plus Breite)
$U_R = 2 \cdot (a + b)$

Umfang des Quadrats
Umfang = 4-mal (Seitenlänge)
$U_Q = 4 \cdot a$

Beispiel 1:
Umfangsberechnung bei einem Rechteck

$U_R = 2 \cdot (a + b)$
$\quad = 2 \cdot (4\,cm + 2\,cm)$
$\quad = 2 \cdot 6\,cm$
$\quad = \mathbf{12\,cm}$

Beispiel 2:
Umfangsberechnung bei einem Quadrat

$U_Q = 4 \cdot a$
$\quad = 4 \cdot 18\,mm$
$\quad = \mathbf{72\,mm}$

Geometrie II

1 Wie groß ist der Umfang
a) deines Schulheftes,
b) deines Mathematikbuches,
c) des Klassenzimmers,
d) des Schultisches?

2 Zeichne die angegebenen Rechtecke ins Heft und gib den Umfang an.

	a)	b)	c)	d)	e)
Länge	3 cm	6 cm	7 cm	4,5 cm	5,2 cm
Breite	4 cm	4 cm	30 mm	3 cm	3,5 cm

3 Zeichne die Quadrate mit folgenden Seitenlängen. Gib jeweils den Umfang an.
a) 4 cm b) 2 cm
c) 35 mm d) 4,2 cm

Denke daran: Beim Quadrat sind alle Seiten gleich lang.

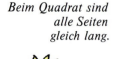

4 Zeichne die Rechtecke ins Heft:

	Länge	Breite
1. Rechteck	4 cm	2 cm
2. Rechteck	6 cm	1 cm

Bestimme jeweils den Umfang. Was fällt dir auf?

5 Vervollständige die Tabelle im Heft.

	Länge	Breite	Umfang
a)	7 cm	5 cm	
b)	9 dm	14 dm	
c)	15 m	25 m	
d)	5 dm	10 cm	
e)	4 m	50 dm	
f)	11 dm	25 cm	
g)	3 m	45 cm	

6 Ergänze die fehlenden Werte im Heft.

	Länge	Breite	Umfang
a)	8 m		30 m
b)	9 cm		46 cm
c)	3 dm		110 cm
d)		7 mm	100 mm
e)		50 dm	210 dm
f)		15 cm	2 m

7 Ein Quadrat hat einen Umfang von 16 cm (20 dm; 60 m).
Wie lang ist eine Seite?

8 Bestimme jeweils den Umfang der Figur.

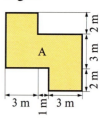 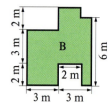

9 Bauer Häberle möchte seine quadratische Weide neu einzäunen. Wie viel Meter Zaun muss er kaufen, wenn eine Seite 22 m lang ist?

10 Zeichne drei verschiedene Rechtecke mit einem Umfang von 24 cm. Berechne zuerst die Länge und Breite.

11

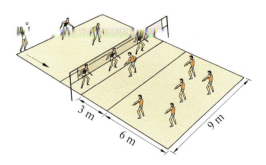

a) Welchen Umfang hat das abgebildete Volleyballfeld?
b) Beim Training laufen die Spieler 20-mal um das Feld. Haben sie einen Kilometer zurückgelegt?

12

Der Garten soll eingezäunt werden. Wie viel m Zaun müssen gekauft werden?

13 Kalin sagt: „Mein Rechteck ist doppelt so lang wie breit und hat einen Umfang von 30 cm."
Welche Maße hat Kalins Rechteck?

4 Quader und Würfel

Schaut man sich das Bild links an, so erfasst das Auge die Striche und Flächen so, als ob räumlich angeordnete Würfel abgebildet wären. Unser Auge lässt sich aber täuschen. Nun schaltet sich unser Gehirn ein und stellt fest, dass die neun Würfel räumlich nie so angeordnet sein können.
Der schwedische Künstler Oscar Reutersvärd zeichnete dieses Bild im Jahr 1934. Inzwischen gibt es eine ganze Gruppe von Künstlern, die Bilder dieser Art zeichnen und beim Betrachter für entsprechende Verwirrung sorgen. Sehr oft bestehen solche Bilder aus **Quadern** und **Würfeln**.

Quader  Würfel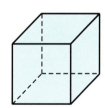

Ein Quader ist ein geometrischer Körper, der von 6 Rechtecken begrenzt wird. Je zwei gegenüber liegende Rechtecke sind gleich.

Ein Würfel ist ein geometrischer Körper, der von 6 gleichen Quadraten begrenzt ist.
Er ist auch ein Quader.

Flächen haben nur zwei Ausdehnungsrichtungen: Länge und Breite.
Körper haben drei Ausdehnungsrichtungen: Länge, Breite und Höhe.
Körper werden mit Hilfe von Schrägbildern zeichnerisch dargestellt.

*Die Grundfläche eines Körpers ist die unten liegende Fläche.
Die oben liegende Fläche wird Deckfläche genannt; die restlichen Flächen sind Seitenflächen.*

Beispiel 1: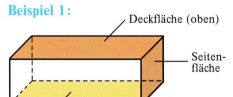
Deckfläche (oben)
Seitenfläche
Grundfläche (unten)

Ein Quader hat 8 Ecken und 12 Kanten. Mindestens 4 Kanten sind gleich lang.

Beispiel 2: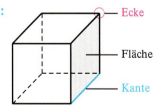
Ecke
Fläche
Kante

Ein Würfel hat 8 Ecken und 12 gleich lange Kanten.

Eine Kante verbindet 2 benachbarte Ecken miteinander. In jeder Ecke treffen 3 Kanten aufeinander.

Geometrie II **129**

1 a) Nenne 5 Gegenstände, die (ungefähr) Quaderform haben. Denke dabei auch an sehr große Dinge.
b) Nenne 5 würfelförmige Gegenstände.

2 Eine Streichholzschachtel hat die Form eines Quaders. Versuche mit einer Streichholzschachtel zu würfeln. Weshalb klappt das nicht gut?

3 Betrachte ein Stück Würfelzucker näher. Trägt es seinen Namen zu Recht? Begründe deine Antwort kurz.

4 a) Aus wie vielen kleinen Würfeln besteht der folgende Würfel?

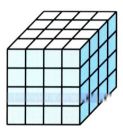

b) Ein anderer Würfel besteht aus acht kleinen Würfeln. Wie viele Würfelchen sieht man auf einer Seite?

5 Übertrage ins Heft und vervollständige dann jeweils zum Schrägbild
a) eines Quaders,   b) eines Würfels.

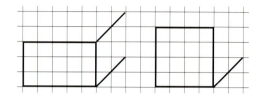

6 Zeichne das Schrägbild eines Würfels mit der Kantenlänge
a) 4 cm   b) 6 cm   c) 8 cm   d) 10 cm

7 Ines möchte aus Draht die folgenden Kantenmodelle herstellen.

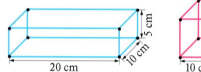

Wie viel Draht braucht sie mindestens
a) für den Quader,   b) für den Würfel?

8 Wie lang muss ein Draht mindestens sein, damit man daraus das Kantenmodell eines Quaders mit folgenden Maßen herstellen kann (vgl. Aufgabe 7)?

	Länge	Breite	Höhe
a)	5 cm	3 cm	2 cm
b)	2,5 cm	1,5 cm	4,5 cm

9 Sybille möchte aus Draht das Gerüst für eine Laterne basteln.

Die Laterne soll 20 cm hoch werden. Wie viel Draht braucht sie mindestens?

10 Was meinst du zu den folgenden Aussagen?
a) Jede Kante verbindet zwei Ecken. Da ein Würfel 12 Kanten hat, besitzt er auch 24 Ecken.
b) Beim Quader stoßen an einer Ecke immer drei Kanten zusammen. Da er 8 Ecken hat, hat er auch 24 Kanten.

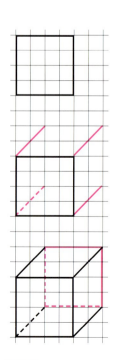

Beim Zeichnen eines Schrägbilds geht man nach folgenden Regeln vor:
1. Man zeichnet die Kanten der Vorderfläche.
2. Die schräg nach hinten laufenden Kanten erhalten die Richtung der Diagonalen im Karogitter und werden verkürzt gezeichnet. Eine Strecke, die in Wirklichkeit 1 cm lang ist, erhält die Länge einer Karodiagonalen.
3. Die Endpunkte dieser nach hinten laufenden Kanten werden verbunden. Nicht sichtbare Kanten eines Körpers werden gestrichelt gezeichnet.

5 Quadernetz und Würfelnetz

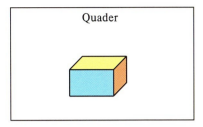
Quader

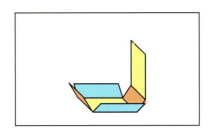

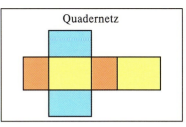
Quadernetz

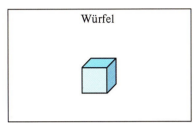
Würfel

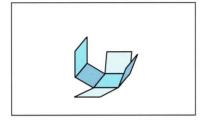

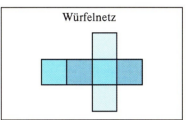
Würfelnetz

Faltet man einen Quader (Würfel) wie oben gezeigt auseinander, so erhält man das **Netz eines Quaders (Würfels)**.

Umgekehrt lassen sich solche Netze wieder zu einem Körpermodell zusammenfalten.

Ein Quadernetz besteht aus 6 Rechtecken, ein Würfelnetz aus 6 Quadraten.

Beispiel 1:

Schrägbild Netz

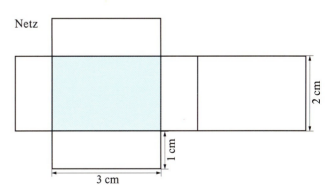

Beispiel 2:

Schrägbild   Netz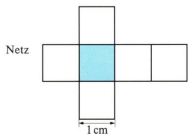

Geometrie II **131**

1 Zeichne auf ein Blatt Karopapier das Netz eines Würfels mit der Kantenlänge a) 1 cm b) 2 cm c) 4 cm. Schneide die Netze aus und falte entsprechend. Überprüfe so, ob du richtig gezeichnet hast.

2 Welche der folgenden Figuren stellen ein Würfelnetz dar?

Tipp: Zeichne die Netze auf und schneide sie aus.

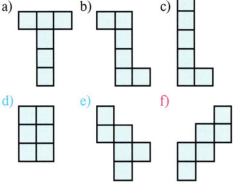

3 Übertrage folgende Figuren ins Heft und ergänze sie zu Würfelnetzen.

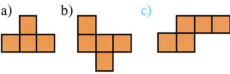

Überprüfe auf einem gesonderten Karopapier durch Ausschneiden und Falten deine gefundenen Lösungen.

4 Gegenüberliegende Flächen haben die gleiche Farbe. Welches Netz gehört zu welchem Würfel?

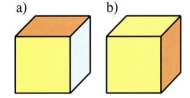
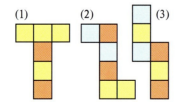

5 Hier ist das Netz eines Spielwürfels abgebildet. Wie groß ist jeweils die Summe der Augenzahlen zweier gegenüberliegender Flächen?

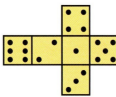

6 Wie du in Aufgabe 5 festgestellt hast, beträgt bei einem Spielwürfel die Augenzahl von zwei gegenüberliegenden Flächen immer sieben. Übertrage folgende Spielwürfelnetze in dein Heft und ergänze die fehlenden Augenzahlen.

a) 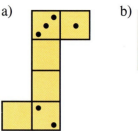 b)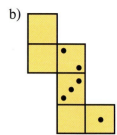

7 Übertrage folgende Netze auf Karopapier, schneide sie aus und falte entsprechend. Mit Klebeband kannst du dann leicht das Quadermodell herstellen.

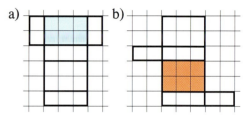

8 Welche der folgenden Figuren ist ein Quadernetz?

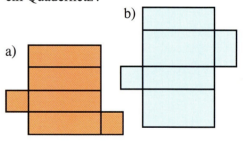

9 Zeichne jeweils ein Netz des folgenden a) Würfels, b) Quaders auf Zeichenpapier (ohne Karos). Färbe gegenüberliegende Seiten gleich ein.

a) 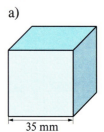 b)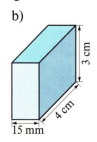

132 Geometrie II

6 Vermischte Aufgaben

1 Miss die Figuren und gib ihren Umfang in cm an.

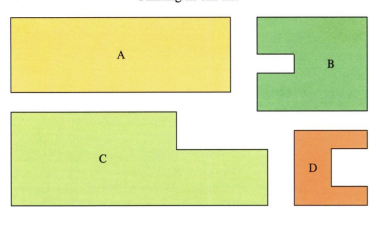

Bei richtiger Zuordnung ergeben die Kontrollbuchstaben zwei Lösungsworte.

2 Hier ist einiges durcheinander geraten. Notiere jeweils die Strecke mit der richtigen Angabe des Umfangs in dein Heft.

a) Klassenzimmer   280 m   (R)
b) Postkarte   101 cm   (U)
c) Wandtafel (aufgeklappt)   120 m   (T)
d) Fußballfeld   5 dm   (E)
e) Briefmarke   112 mm   (G)
f) DIN-A4-Heft   10 m   (H)
g) Baugrundstück   34 m   (S)

3 Wandle um.
a) 6 cm = ▓ mm; 2 m = ▓ dm
b) 17 dm = ▓ mm; 3 km = ▓ m
c) 5 m = ▓ cm; 7 m = ▓ mm
d) 350 dm = ▓ m; 50 000 mm = ▓ m

4 Schreibe in der gemischten Schreibweise.

350 mm = 35 cm = 3 dm 5 cm

a) 1250 mm   b) 2500 m
c) 720 dm   d) 831 mm
e) 2450 mm   f) 9150 cm

5 Ein Rechteck hat einen Umfang von 24 cm. Gib alle Möglichkeiten an, wie lang und wie breit ein solches Rechteck sein kann, wenn es jeweils nur ganze cm-Schritte gibt.

6 Filomenas Klasse stellt im Technikunterricht Bilderrahmen her.

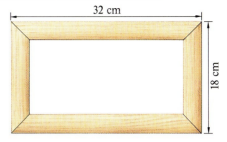

a) Wie viel cm Holzleiste braucht man für einen Bilderrahmen?
b) In der Gruppe sind 14 Schüler, von denen jeder einen Bilderrahmen bauen will. Wie viele Holzleisten mit 1 m Länge werden insgesamt benötigt?

7 Berechne die Umfänge der Rechtecke.

Länge	Breite	Länge	Breite
9 cm	4 cm	6 cm	8 cm
65 dm	456 cm	28 dm	234 cm
700 mm	0,70 m	100 cm	10 dm

8 Bestimme die Umfänge der farbigen Flächen.

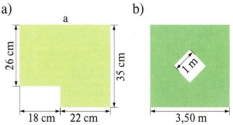

9 Ein rechteckiges Baugrundstück (34 m x 24 m) soll eingezäunt werden.
a) Wie viel m Zaun werden benötigt, wenn für das Eingangstor 4 m (auf einer der längeren Seiten) ausgespart werden?
b) An den vier Ecken und im Abstand von jeweils 2 m soll ein Pfosten gesetzt werden. Wie viel DM kostet die Umzäunung, wenn für jeden Pfosten 5 DM und pro Meter Zaun 6 DM berechnet werden. Mach dir zur Hilfe eine Zeichnung.

SCHNEIDEN -

Der Fotowürfel

Beim Bau eines Fotowürfels kannst du dein Wissen über geometrische Körper und Flächen anwenden.

Bauanleitung

Zuerst musst du das abgebildete Netz (mit Klebelaschen und Buchstaben) auf das dickere Papier übertragen und ausschneiden.

Falte nun entlang der gestrichelten Linien, so dass ein Würfel entsteht. Achte dabei darauf, dass die Klebelaschen nach innen gefaltet werden. Als Hilfe zum Falten kann eine Tischkante oder ein Lineal dienen.

Nach dem Falten müssen gleiche Buchstaben übereinander liegen (Lasche A liegt auf A, Lasche B auf B, ...). Klebe nun den Würfel an den Laschen zusammen. Arbeite dabei sehr sorgfältig und genau.

Den entstandenen Würfel kannst du nun nach deinem Geschmack bekleben oder bemalen. Du hast dann den gewünschten Fotowürfel.

Materialliste
- dickes Papier (Blatt vom Zeichenblock, mindestens DIN A 4-Größe)
- Lineal
- Schere
- Klebstoff
- Zeitschriften/Fotos
- Farbiges Papier

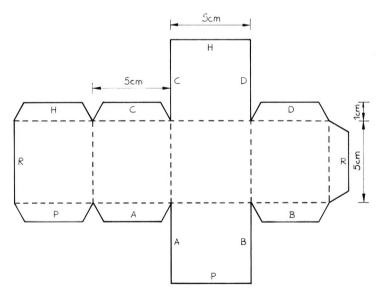

TEN-KLEBEN

Die Tragetasche

Materialliste
- dickes Papier (Packpapier, mindestens 80cm x 50cm)
- langes Lineal
- Schere
- Klebstoff
- Malkasten, Pinsel...
- dicke Schnur oder Kordel (2 Stücke zu je 30cm)
- Locher

Bauanleitung

Übertrage auch hier zuerst die Zeichnung der Tragetasche auf das dicke Papier und schneide sie aus.

Falte zuerst die Verstärkungslasche nach innen und klebe sie fest. Die Seitenflächen, die bei der fertigen Tasche außen sind, kannst du jetzt bemalen oder bekleben. Nach dem anschließenden Falten müssen die Klebelaschen innen sein. Gleiche Buchstaben müssen übereinander liegen. Nun kannst du die Tragetasche zusammenkleben.

Es empfiehlt sich die Löcher für die Schnur mit einem Locher zu machen. Zum Schluss wird die Schnur (Kordel), wie im Bild zu sehen, angebracht.

Du hast nun eine umweltfreundliche Tragetasche, die du möglichst oft benutzen solltest.

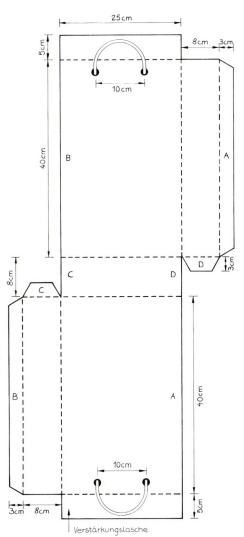

TEST

Lies vor dem Test die Hinweise auf Seite 4. Und dann: „Viel Erfolg beim Lösen der Aufgaben."

Leicht
Jede Aufgabe: 2 Punkte

1 Wandle in gleiche Maßeinheiten um und berechne.
a) 35 cm + 35 dm
b) 3600 cm + 4 m

2 Zeichne das Rechteck ins Heft.

Wie lang sind AB und BC?

3 Ein großes Wandbild ist rechteckig. Es hat eine Länge von 6,00 m und eine Breite von 2,00 m. Berechne seinen Umfang.

4 Berechne den Umfang.

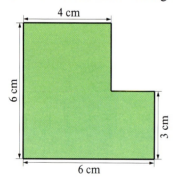

5 Das Kantenmodell eines Würfels (a = 4 cm) soll gebaut werden. Wie viel cm Draht werden mindestens gebraucht?

Mittel
Jede Aufgabe: 3 Punkte

1 Wandle um und berechne.
a) 47 m + 350 dm
b) 123 dm + 400 mm
c) 12 dm + 125 mm

2 Ergänze zu einem Quadrat.

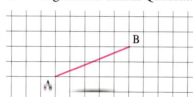

3 Ein 63 m langes und 39 m breites Grundstück soll eingezäunt werden. Wie viel Meter Zaun braucht man, wenn man für das Tor 4 m abrechnet?

4 Berechne den Umfang.

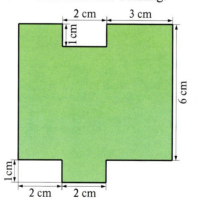

5 Das Kantenmodell eines Würfels (a = 13 cm) soll gebaut werden. Wie viel cm Draht werden mindestens gebraucht?

Schwierig
Jede Aufgabe: 4 Punkte

1 Berechne.
a) 42 cm + 42 dm + 42 m
b) 125 dm + 100 mm + 1 cm
c) 13 m + 120 dm + 1000 mm
d) 180 dm + 400 mm + 40 cm

2 Zeichne das Parallelogramm auf Karopapier und schneide es aus. Durch einen Schnitt sollen 2 Teile eines Rechtecks entstehen.

3 Zwei Quadrate mit dem Umfang von je 20 cm werden zu einem Rechteck zusammengelegt. Wie groß ist der Umfang des entstandenen Rechtecks?

4 Berechne den Umfang.

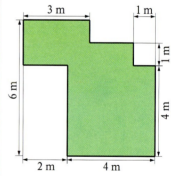

5 Das Kantenmodell eines Quaders mit a = 8 cm, b = 6 cm, c = 4 cm soll gebaut werden. Wie viel cm Draht werden mindestens gebraucht?

Ermittle nun anhand der Lösungen auf Seite 141 deine erzielte Punktzahl.

Lösungen zu den Tests

Lösungen zum Test Kapitel 1 „Natürliche Zahlen", Seite 28

Leicht	Mittel	Schwierig
Jede Aufgabe: 2 Punkte	Jede Aufgabe: 3 Punkte	Jede Aufgabe: 4 Punkte

1

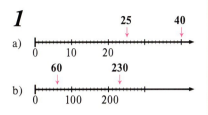

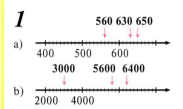

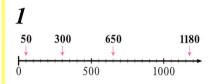

2

Leicht:
a) **250** b) **917**
c) **24 920** d) **36 000 000**

Mittel:
a) fünfundfünfzigtausendfünfhundertfünfundfünfzig
b) siebzigtausendzweiunddreißig
c) dreihundertzweitausendeinundachtzig

Schwierig:
a) **2 600 240** b) **1 720 000 300**
c) siebenundfünfzig Milliarden fünfhundert Millionen neuntausend
d) dreiunddreißig Billionen dreizehn Millionen dreihundertzehntausend

3

Leicht:
a) 290 ≈ **300** b) 1340 ≈ **1300**
c) 22 550 ≈ **22 600** d) 80 139 ≈ **80 100**

Mittel:
a) 3499 ≈ **3000** b) 49 800 ≈ **50 000**
c) 67 628 ≈ **68 000**
d) 130 777 ≈ **131 000**
e) 709 500 ≈ **710 000**
f) 899 312 ≈ **899 000**

Schwierig:
a) **2350** ≈ 2400 ; **2449** ≈ 2400
b) **65 950** ≈ 66 000 ; **66 049** ≈ 66 000
c) **189 450** ≈ 189 500 ; **189 549** ≈ 189 500
d) **699 950** ≈ 700 000 ; **700 049** ≈ 700 000

4

Leicht:
Eiche: **40 m**
Birke: **20 m**
Riesentanne: **80 m**
Mammutbaum: **110 m**

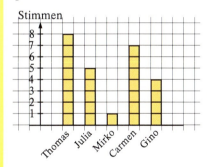

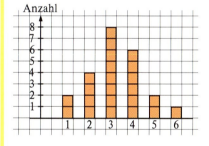

5

Leicht:
a) XVII = **17** b) MCMLX = **1960**
c) 59 = **LIX** d) 1125 = **MCXXV**

Mittel:
a) DCCCX = **810**
b) MDCLXV = **1665**
c) MLXXIX = **1079**
d) 178 = **CLXXVIII**
e) 2209 = **MMCCIX**
f) 1906 = **MCMVI**

Schwierig:

	Vorgänger	Zahl	Nachfolger
a)	**LIX**	LX	**LXI**
b)	**CMLIII**	CMLIV	**CMLV**
c)	**MXCIX**	MC	**MCI**
d)	**MDXLVIII**	MDXLIX	**MDL**

Nachdem du deine Gesamtpunktzahl ermittelt hast, kannst du deine Leistung selbst einschätzen.

5   10   15   20

Je heller die Farbe, desto erfolgreicher warst du im Test.

Lösungen zu den Tests

Lösungen zum Test Kapitel 2 „Rechnen", Seite 64

Leicht
Jede Aufgabe: 2 Punkte

1

a) **158** b) **228**
c) **132** d) **12**

2

a) Ü: 22 000 + 12 000 = 34 000
R: 21 663 + 12 218 = **33 881**

b) Ü: 24 000 − 13 000 = 11 000
R: 23 937 − 12 842 = **11 095**

3

a) Ü: 1400 · 20 = 28 000
R: 1439 · 21 = **30 219**

b) Ü: 3000 : 10 = 300
[illegible]

4

a) 1342 + 29 · 4
= 1342 + 116 = **1458**

b) 14 352 − (8519 − 4167)
= 14 352 − 4352
= **10 000**

5

Wie viele Karten wurden verkauft?

959 DM : 7 DM = 137
Der Kinobesitzer hat **137** Karten verkauft.

Mittel
Jede Aufgabe: 3 Punkte

1

a) **892** b) **13 200** c) **8**

2

a) Ü: 15 000 + 39 000 = 54 000
R: 14 687 + 38 511 = **53 198**

b) Ü: 81 000 − 33 000 = 48 000
R: 80 582 − 32 654 = **47 928**

3

a) Ü: 1200 · 200 = 240 000
R: 1217 · 230 = **279 910**

b) Ü: 48 000 : 40 = 1200
R: 45 663 : 37 = **1234 Rest 5**

4

a) 27 612 − 320 : 8
= 27 612 − 40 = **27 572**

b) (35 719 − 2812) − (8917 + 5621)
= 32 907 − 14 538
= **18 369**

5

Wie viel muss Frau Heinlein noch zuzahlen?

Gesamtpreis des neuen Autos:
28 500 DM + 1200 DM = 29 700 DM

Preis des Neuwagens:	29 700 DM
Erlös für den Altwagen:	− 12 700 DM
	17 000 DM

Frau Heinlein muss noch **17 000 DM** zuzahlen.

Schwierig
Jede Aufgabe: 4 Punkte

1

a) **224** b) **611**
c) **1 032 000** d) **120**

2

a) Ü: 7000 + 9000 + 76 000 = 92 000
R: 7268 + 9012 + 75 619 = **91 899**

b) Ü: 48 000 − 24 000 = 24 000
R: 48 002 − 24 172 = **23 830**

3

a) Ü: 1000 · 2000 = 2 000 000
R: 1102 · 2070 = **2 281 140**

b) Ü: 200 000 : 1000 = 200
R: 203 095 : 1345 = 151
1345 · **151** = 203 095

4

a) 3712 + 123 · 7 − 9
= 3712 + 861 − 9 = **4564**

b) (82 507 − 480 · 5) − 540 : 6
= (82 507 − 2400) − 90
= 80 107 − 90 = **80 017**

5

Wie viel bezahlt Familie Fuchs insgesamt in einem Jahr?

Kosten in einem Monat:
790 DM + 125 DM + 85 DM = 1000 DM

Kosten in 1 Jahr (12 Monate):
1000 DM · 12 = 12 000 DM

Familie Fuchs zahlt für Miete, Strom und Heizung in einem Jahr **12 000 DM**.

Nachdem du deine Gesamtpunktzahl ermittelt hast, kannst du deine Leistung selbst einschätzen.

Je heller die Farbe, desto erfolgreicher warst du im Test.

Lösungen zum Test Kapitel 3 „Geometrie I", Seite 82

Leicht	**Mittel**	**Schwierig**
Jede Aufgabe: 2 Punkte	Jede Aufgabe: 3 Punkte	Jede Aufgabe: 4 Punkte

1   **1**   **1**

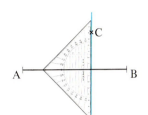   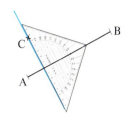   

2   **2**   **2**

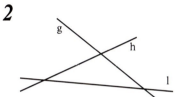   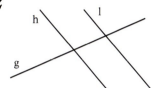   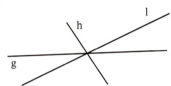

3   **3**   **3**

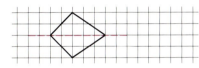   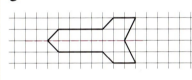   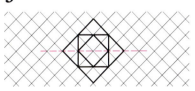

4   **4**   **4**

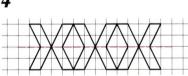   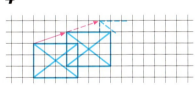   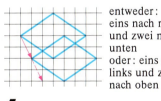

entweder: eins nach rechts und zwei nach unten
oder: eins nach links und zwei nach oben

5   **5**   **5**

   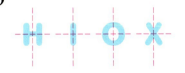   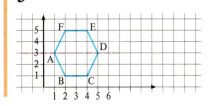

Nachdem du deine Gesamtpunktzahl ermittelt hast, kannst du deine Leistung selbst einschätzen.

5   10   15   20

Je heller die Farbe, desto erfolgreicher warst du im Test.

Lösungen zum Test: Geometrie I

Lösungen zu den Tests

Lösungen zum Test Kapitel 4 „Sachrechnen: Längen, Gewicht, Zeit, Geld", Seite 120

Leicht
Jede Aufgabe: 2 Punkte

1
a) 4 kg = **4000 g**
b) 3 kg 200 g = **3200 g**
c) 65 dm = **650 cm**
d) 8 min = **480 s**

2
a) 2 m + 4 dm + 2 cm = **342 cm**
b) 13 kg + 7 kg + 500 g = **20 500 g**
c) 7 DM − 1 DM 15 Pf = **5 DM 85 Pf**
d) 4 h − 2 h 15 min = **1 h 45 min**

3
a) 3 kg · 14 = **42 kg**
b) 21 DM 50 Pf · 7 = 2450 Pf : 7 = **350 Pf**

4
Wie groß ist die Differenz?
Einnahmen: 1 404 000 DM
Ausgaben: − 1 370 000 DM
Differenz: 34 000 DM
Die Differenz beträgt **34 000 DM**.

5
Wie viel Stunden arbeitet Herr Meyer im Monat und im Jahr im Haushalt?
30 · 4 h = 120 h
Im Monat arbeitet Herr Meyer **120 Stunden**.
365 · 4 h = 1460 h
Im Jahr arbeitet er **1460 Stunden**.

Mittel
Jede Aufgabe: 3 Punkte

1
a) 5 t = **5 000 000 g**
b) 4 Tage 12 h = **108 h**
c) 8 dm 9 cm = **89 cm**

2
a) 2 dm + 4 m + 3,1 dm = **451 dm**
b) 2 t − 350 kg + 1 t 500 kg = **3150 kg**
c) 12 h 20 min − 3 h 45 min = **515 min**

3
a) 2 kg 50 g · 17 = **34 850 g**
b) 7 DM 75 Pf : 25 = **31 Pf**
c) 21 km 375 m : 75 = **285 m**

4
Wie viel verdient Frau Gmeiner in der Woche?

    1875 Pf · 38
    ─────────
    5625
    15000
    ─────────
    71250 Pf

71 250 Pf = 712,50 DM
Frau Gmeiner verdient in der Woche **712,50 DM**.

5
Wie viel Zeit wendet Bettina in einem Monat (in einem Jahr) für die Ordnung an ihrem Arbeitsplatz auf?
4 · 75 min = 300 min.
In einem Monat wendet sie **300 min (= 5 h)** auf.
52 · 75 min = 3900 min
Im Jahr wendet sie **3900 min (= 65 h)** auf.

Schwierig
Jede Aufgabe: 4 Punkte

1
a) 2 t 5 kg = **2 005 000 g**
b) 0,050 kg = **50 g**
c) 4 dm 8 cm 3 mm = **483 mm**
d) 1 Tag 3 h 50 min = **1670 min**

2
a) 1 t + 0,756 t + 955 kg + 4 kg = **2715 kg**
b) 1 h + 75 min + 2 h 5 min = **260 min**
c) 3 DM 5 Pf − 99 Pf + 0,65 DM = **271 Pf**
d) 3,745 km + 1 km 619 m − 74 m
   = **5290 m**

3
a) 27 200 g · 1700 g = 16
   27,200 kg : **16 = 1,700 kg**
b) 33 km : 2,75 km = **12**
   33 km : **12 = 2,75 km**

4
Wer hat den höheren Stundenlohn?
   4200 DM : 160 =
   420 000 Pf : 160 = 2625 Pf
Herr Kurz verdient in der Stunde **26,25 DM**.
   106 400 Pf : 38 = 2800 Pf
Herr Lang verdient in der Stunde **28 DM**.
Herr Lang hat den höheren Stundenlohn.

5
Wie viel Stunden hat Monika für ihren Ferienjob aufgewandt?
$7\frac{1}{2}$ h = 450 min
450 min + 2 · 20 min = 490 min
490 min · 30
─────────
14700 min
Monika hat **14 700 min (= 245 h)** für ihren Ferienjob aufgewandt.

Nachdem du deine Gesamtpunktzahl ermittelt hast, kannst du deine Leistung selbst einschätzen.

         5   10   15   20

Je heller die Farbe, desto erfolgreicher warst du im Test.

Lösungen zum Test Kapitel 5 „Geometrie II", Seite 136

Leicht Jede Aufgabe: 2 Punkte	**Mittel** Jede Aufgabe: 3 Punkte	**Schwierig** Jede Aufgabe: 4 Punkte
1 a) 385 cm b) 40 m (4000 cm)	**1** a) 82 m (820 dm) b) 127 dm (12 700 mm) c) 1325 mm	**1** a) 4662 cm b) 1261 cm (12 610 mm) c) 260 dm (2600 cm) d) 188 dm (1880 cm)
2  Die Seite $\overline{AB}$ ist **45 mm** (4,5 cm), die Seite $\overline{BC}$ ist **15 mm** (1,5 cm) lang.	**2** 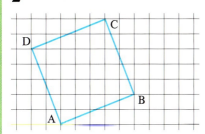	**2** 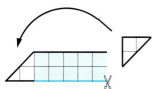 Im blauen Bereich kannst du an jeder Stelle senkrecht zur unteren Linie schneiden.
3 Welchen Umfang hat das Wandbild? $U_R = 2 \cdot (a + b)$ $U_R = 2 \cdot (6,00 \text{ m} + 2,00 \text{ m})$ $= 16 \text{ m}$ Das Bild hat einen Umfang von **16 m**.	**3** Wie viel Meter Zaun braucht man? $U_R = 2 \cdot (a + b)$ $U_R = 2 \cdot (63 \text{ m} + 39 \text{ m})$ $= 204 \text{ m}$ $204 \text{ m} - 4 \text{ m} = 200 \text{ m}$ Es werden **200 m** Zaun gebraucht.	**3** Wie groß ist der Umfang des Rechtecks? $U_Q = 4 \cdot a$ $20 \text{ cm} = 4 \cdot a$; $a = 5 \text{ cm}$ $U_R = 2 \cdot (a + b)$ $U_R = 2 \cdot (10 \text{ cm} + 5 \text{ cm})$ $= 30 \text{ cm}$ Der Umfang beträgt **30 cm**.
4 Wie groß ist der Umfang? 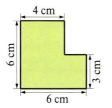 Der Umfang beträgt **24 cm**.	**4** Wie groß ist der Umfang? 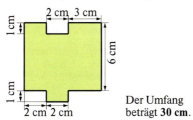 Der Umfang beträgt **30 cm**.	**4** Wie groß ist der Umfang? 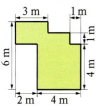 Der Umfang beträgt **25 m**.
5 Es werden mindestens $12 \cdot 4 \text{ cm} = \mathbf{48 \text{ cm}}$ Draht benötigt.	**5** Es werden mindestens $12 \cdot 13 \text{ cm} = \mathbf{156 \text{ cm}}$ Draht benötigt. 	**5** Es werden mindestens $4 \cdot 8 \text{ cm} + 4 \cdot 6 \text{ cm}$ $+ 4 \cdot 4 \text{ cm} = \mathbf{72 \text{ cm}}$ Draht benötigt.

Nachdem du deine Gesamtpunktzahl ermittelt hast, kannst du deine Leistung selbst einschätzen.

Je heller die Farbe, desto erfolgreicher warst du im Test.

Zum Nachschlagen

Stufenzahlen

1	Eins
10	Zehn
100	Hundert
1 000	Tausend
10 000	Zehntausend
100 000	Hunderttausend
1 000 000	Million
1 000 000 000	Milliarde
1 000 000 000 000	Billion

Quadratzahlen

Zahl	1	2	3	4	5	6	7
Quadratzahl	1	4	9	16	25	36	49
	8	9	10	11	12	13	14
	64	81	100	121	144	169	196
	15	16	17	18	19	20	
	225	256	289	324	361	400	

Addition

Summand plus Summand

$32 \; + \; 16 \; = 48$

$\underbrace{}_{\text{Summe}}$

Man darf die Reihenfolge der Summanden vertauschen.

Subtraktion

1. Zahl minus 2. Zahl

$48 \; - \; 16 \; = 32$

$\underbrace{}_{\text{Differenz}}$

Man darf die Reihenfolge der Zahlen **nicht** vertauschen.

Multiplikation

Faktor mal Faktor

$6 \; \cdot \; 12 \; = 72$

$\underbrace{}_{\text{Produkt}}$

Man darf die Reihenfolge der Faktoren vertauschen.

Division

1. Zahl durch 2. Zahl

$72 \; : \; 6 \; = 12$

$\underbrace{}_{\text{Quotient}}$

Man darf die Reihenfolge der Zahlen **nicht** vertauschen.

Rechnen mit 0

Addition, Subtraktion

$4 + 0 = 4 \qquad 4 - 0 = 4$
$0 + 4 = 4 \qquad 4 - 4 = 0$

Multiplikation, Division

$4 \cdot 0 = 0 \qquad 0 : 4 = 0$
$0 \cdot 4 = 0 \qquad 4 : 0$ hat keine Lösung

Rechnen mit 1

Multiplikation

$6 \cdot 1 = 6$
$1 \cdot 6 = 6$

Division

$6 : 1 = 6 \qquad 6 : 6 = 1$
$1 : 6 = 0 \text{ Rest } 1$

Addition / Subtraktion von Dezimalzahlen

```
   24,804         96,4561
 + 17,978       − 52,8100
   11  1              1
   42,782         43,6461
```

Beim Addieren/Subtrahieren werden die Dezimalzahlen zuerst stellenrichtig (Komma unter Komma) untereinander geschrieben. Dann wird von rechts beginnend addiert/subtrahiert.

Multiplikation von Dezimalzahlen

```
1,45 · 8,217
————————
   1160
    290
    145
   1015
————————
11,91465
```

Das Ergebnis hat so viele Stellen nach dem Komma wie die beiden Faktoren zusammen.

Division: Dezimalzahl durch natürliche Zahl

```
4,265 : 5 = 0,853
 0
 4 2
 4 0
   26
   25
    15
    15
     0
```

Überschreitet man beim Dividieren das Komma, so wird im Ergebnis ein Komma gesetzt.

Division: Dezimalzahl durch Dezimalzahl

```
46,4 : 0,8 = 464 : 8 = 58
              40
              64
              64
               0
```

Ist der Teiler eine Dezimalzahl, so muss bei beiden Zahlen das Komma um gleich viele Stellen nach rechts verschoben werden, so dass der Teiler eine natürliche Zahl wird.

Längen

$$1 \text{ km} = 1000 \text{ m}$$
$$1 \text{ m} = 10 \text{ dm}$$
$$1 \text{ dm} = 10 \text{ cm}$$
$$1 \text{ cm} = 10 \text{ mm}$$

Die Umrechnungszahl bei benachbarten Längenmaßen ist 10, zwischen m und km ist sie 1000.

Gewichte

$$1 \text{ g} \quad \text{Gramm}$$
$$1000 \text{ g} = 1 \text{ kg} \quad \text{Kilogramm}$$
$$1000 \text{ kg} = 1 \text{ t} \quad \text{Tonne}$$

Die Umrechnungszahl zwischen g und kg und zwischen kg und t ist jeweils 1000.

Vierecke

- Quadrat
- Rechteck
- Raute
- Parallelogramm
- Drachen
- gleichschenkliges Trapez

Umfang (Rechteck/Quadrat)

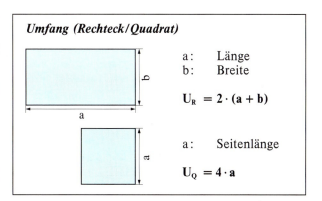

a: Länge
b: Breite

$$U_R = 2 \cdot (a + b)$$

a: Seitenlänge

$$U_Q = 4 \cdot a$$

Zum Nachschlagen

Stichwortverzeichnis

Abstand 69
Achsenspiegelung 73
Addition 30, 36, 99, 112
Assoziativgesetz 31

Billion 13
Blockschaubild 19, 20

Deckfläche 129
Diagramm 20
Differenz 30
Dividend 34
Division 34, 36, 102, 114
Divisor 34

Ecke 129

Faktor 34

Geodreieck 73, 122, 125
Geometrie 65, 121
Gerade 66, 68
Gewicht 96, 99
Größe 84, 96
größer als 10, 11
Grundfläche 129

Halbgerade 66
Hochachse 70

Kante 129
Klammern 57
kleiner als 10, 11
Kommutativgesetz 34

Länge 86

Maßeinheit 86, 96
Maßstab 93
Maßzahl 86, 96

messen 84
Milliarde 13
Minuend 30
Multiplikation 34, 36, 42, 102, 114

Nachfolger 12, 15
natürliche Zahlen 6, 10
Netz 131
Nullpunkt 70

Operator 34
Ordnen von Zahlen 19

parallel 68, 69
Parallelogramm 125
Probe 44
Produkt 34
Punkt 70
Punktrechnung 57

Quader 129
Quadrat 122
Quadratgitter 70, 71
Quadratzahl 37
Quersumme 8
Quotient 34

Raute 125
Rechteck 122
Rechtsachse 70
römische Zahlen 22
runden 16
Rundungsstelle 16

schätzen 84
Schaubild 19, 20
Schrägbild 130
schriftliche Addition 44
schriftliche Division 54

schriftliche Multiplikation 50
schriftliche Subtraktion 47
senkrecht 68
Spiegelachse 73
Stellenwerttafel 6, 13, 15
Strichliste 21
Strahl 66
Strecke 66
Strichrechnung 57
Stufenzahl 6, 38
Subtrahend 30, 49
Subtraktion 30, 36, 89, 99, 112
Summand 30
Summe 30
Symmetrie 73
Symmetrieachse 73

Terme 58

Überschlagsrechnung 41, 42, 43, 44, 47, 50, 54
Umfang 127
Umkehroperator 34
ungefähr 16

Verbindungsgesetz 31
Verschiebung 76
Vorgänger 12, 15

Würfel 129

Zahl 6, 9
Zahlenstrahl 10, 11
Zahlwörter 9
Zehnersystem 6
Zeitpunkt 105
Zeitspannen 105, 107
Ziffer 6, 9